LE MÉTAYAGE

ET

LE FERMAGE

EXÉCUTÉ PAR L'ÉCOLE PROFESSIONNELLE DES JEUNES TYPOGRAPHES
DE L'IMPRIMERIE CENTRALE DES CHEMINS DE FER.
A. CHAIX ET Cᵉ, RUE BERGÈRE, 20, PARIS.

LE MÉTAYAGE

ET

LE FERMAGE

ÉTUDE COMPARATIVE — RÉPONSE — DISCUSSION

DERNIÈRES OBSERVATIONS

PAR

M. Louis CROMBEZ

Vice-Président de la Chambre des représentants de Belgique, ancien Président de la Société du Berry.

Extrait du Compte rendu des travaux de la Société du Berry pendant l'année 1866.

PARIS

IMPRIMERIE CENTRALE DES CHEMINS DE FER

A. CHAIX ET Cⁱᵉ

RUE BERGÈRE, 20, PRÈS DU BOULEVARD MONTMARTRE.

1867

AVERTISSEMENT

Le compte rendu des travaux de la Société du Berry, pendant l'année 1866, renferme une étude comparative sur le métayage et sur le fermage, étude dont je suis l'auteur; à la suite, se trouvent imprimés une réponse de M. Bignon et un résumé de la discussion. Le tout se termine par quelques observations dont je dois l'insertion à l'obligeance de notre dévoué Secrétaire, M. Fauconneau-Dufresne.

Occupant déjà une grande place dans le compte rendu, je me suis borné à faire cette courte réplique, mais j'ai annoncé, en même temps, que je la compléterais dans une publication spéciale. — Tel est le but de la présente brochure.

La réponse de M. Bignon ne m'a été communiquée que le 13 décembre. Je me suis mis immédiatement à l'œuvre, afin de ne pas retarder la publication annuelle des travaux de la Société.

En constatant la rapidité avec laquelle j'ai dû me livrer à ce travail, au milieu de mes nombreuses occupations, j'explique par cela même les imperfections que l'on remarquera dans ce dernier écrit. Je suis convaincu que mes excellents collègues de la Société du Berry me tiendront compte de ma bonne volonté.

Louis CROMBEZ.

Bruxelles, 25 décembre 1866.

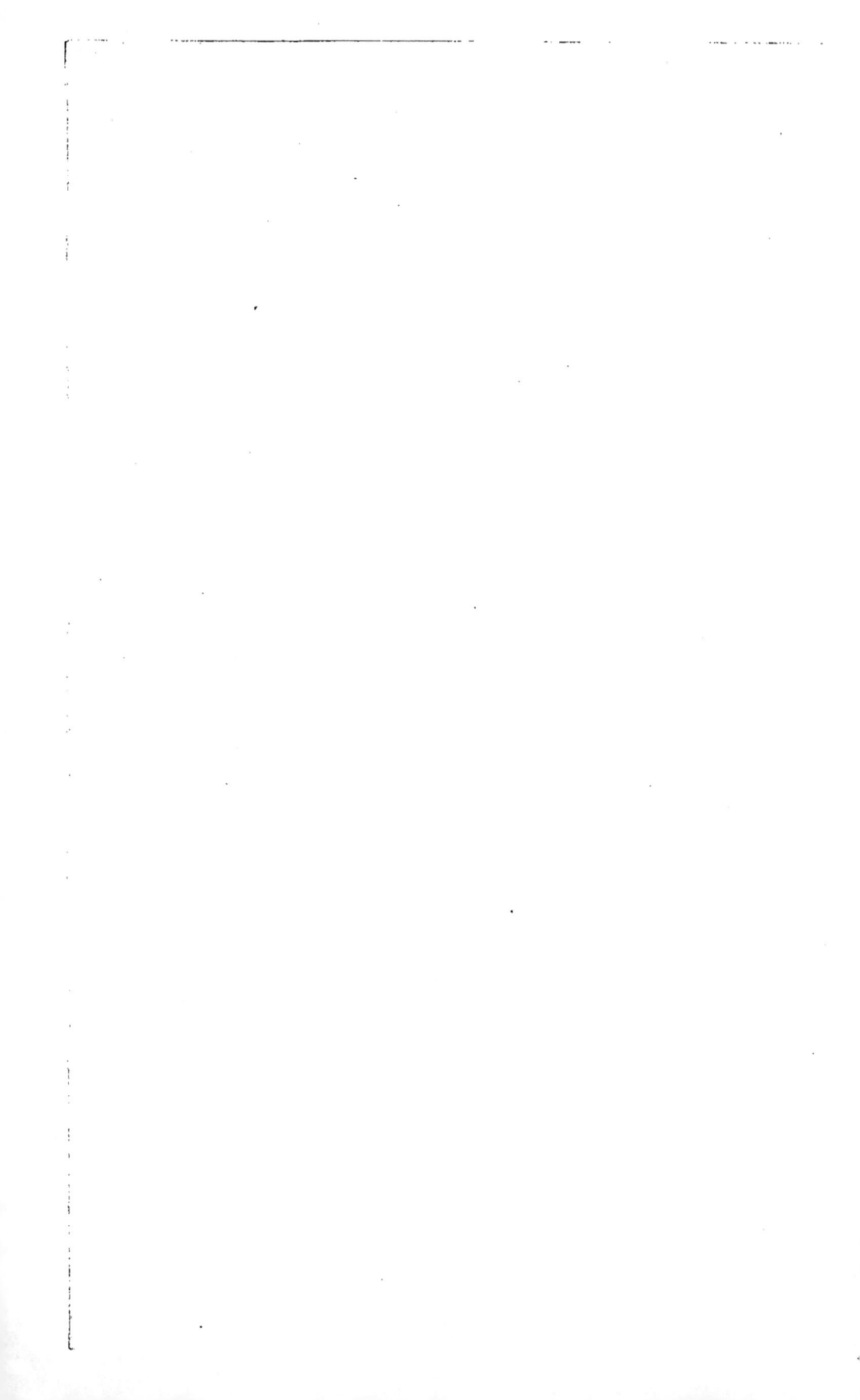

LE MÉTAYAGE

ET

LE FERMAGE

I.

Étude comparative sur le métayage et sur le fermage, *à propos des mémoires de* MM. Bignon *et* E. Damourette, *couronnés par la Société du Berry; lue, dans la séance d'avril, par* M. Louis Crombez, *vice-président de la Chambre des représentants de Belgique.*

> « Nous flottons continuellement entre la ten-
> » tation de nous plaindre pour très-peu de
> » chose et celle de nous contenter à trop bon
> » marché. Nous avons une susceptibilité d'es-
> » prit, une exigence, une ambition illimitées
> » dans la pensée, dans les désirs, dans les
> » mouvements de l'imagination, et quand nous
> » en venons à la pratique de la vie, quand il
> » faut prendre de la peine, faire des sacrifices,
> » des efforts pour atteindre le but, nos bras
> » se lassent et tombent ; nous nous rebutons
> » avec une facilité qui égale presque l'impa-
> » tience avec laquelle nous désirons. »
>
> Guizot. — *Histoire de la civilisation en Europe.* 1re leçon.

Messieurs,

Depuis quelques années, je n'assiste plus à vos intéressantes et instructives séances. Il ne m'a plus été permis d'entendre ces conversations si attachantes, dont notre cher Berry faisait tous les frais. Je suis devenu comme un étranger pour vous, qui m'aviez accueilli autrefois avec une bienveillance dont je conserverai toujours le plus profond souvenir.

Néanmoins, dans les rares loisirs que la politique de mon pays me laisse, j'aime à m'occuper encore de la Société du Berry. Mon plus grand délassement est de lire les comptes rendus de vos travaux, que nous devons aux soins de notre infatigable et zélé secrétaire, M. Fauconneau-Dufresne.

Il n'y a pas longtemps que le dernier volume a été publié. En le recevant, j'ai conçu le projet de reparaître au milieu de vous. J'en avais conservé le plus vif désir, et aujourd'hui que, grâce à un moment de liberté, je puis réaliser ce désir, ma joie serait complète si je n'avais à déplorer avec vous des pertes douloureuses et si je retrouvais ici tous ceux que j'y ai connus.

La Société du Berry, et je l'en félicite hautement, est entrée, l'année dernière, dans une voie toute nouvelle : déférant au vœu formé par son éloquent et digne président, M. de Raynal, dans son discours d'installation, elle a fait appel au savoir de tous les amis des progrès et des lumières; elle a ouvert un concours sur un sujet indiqué d'avance et proposé des prix à décerner aux meilleurs mémoires qui lui seraient adressés.

Je le répète, Messieurs, la Société du Berry a été heureusement inspirée en provoquant une discussion sur des questions pendantes, d'un intérêt de premier ordre pour notre province. Cette résolution portera ses fruits, n'en doutez pas; c'est par la discussion, en effet, que l'opinion publique se forme, que les idées justes se répandent, que les erreurs sont reconnues et que les préjugés disparaissent.

Le sujet du concours de 1865 était le *Métayage*.

Deux mémoires ont été couronnés. Ils ont pour auteurs M. Bignon, de l'Allier, et M. E. Damourette, de Châteauroux. Je me plais à reconnaître qu'ils renferment une étude consciencieuse et instructive des différents modes d'exploitation du sol.

Naturellement, MM. Bignon et E. Damourette accordent une préférence marquée au métayage, préférence que je ne partage pas; mais cette réserve faite, je suis, sur beaucoup de points, d'accord avec eux. Il y a dans ces deux mémoires d'utiles conseils.

Avec une franchise qui les honore, leurs auteurs ont prononcé la condamnation du mauvais métayage, comme étant un obstacle à la prospérité agricole du Berry et une cause de ruine pour le pays, pour les propriétaires et pour les cultivateurs. Cette condamnation vous l'avez ratifiée, Messieurs, j'en suis convaincu.

MM. Bignon et E. Damourette n'admettent le métayage qu'à la condition de le transformer, de le reconstituer sur de nouvelles bases, de créer ce qu'ils appellent avec raison le *bon métayage*, mis par eux au-dessus de tous les autres modes d'exploitation du sol.

Il ressort ainsi de la thèse soutenue par MM. Bignon et E. Damourette une conclusion grave :

Dans leur opinion, le bon métayage est bien supérieur au fermage.

Je vais examiner cette thèse et la réfuter. Auparavant il est nécessaire de vous présenter quelques considérations générales sur les différents modes d'exploitation du sol. Je sais, Messieurs, que je parle devant un auditoire où le métayage compte de nombreux partisans. Mais vous cherchez avant tout la vérité ; c'est ce qui m'encourage à vous exposer franchement mes idées personnelles, appuyées sur vingt années d'expérience. Vous jugerez ensuite.

Je m'abstiendrai de traiter cette question sous toutes ses faces ; cela m'entraînerait trop loin. Je me renfermerai, autant que possible, dans le cadre des deux mémoires, c'est-à-dire dans les éléments de discussion que m'offre la Société du Berry elle-même. Le champ est assez vaste pour que je m'en contente.

I. — Considérations générales sur le fermage et sur le métayage.

Trois modes d'exploitation du sol ont surtout attiré l'attention de MM. Bignon et E. Damourette :

Le faire-valoir direct ;

Le fermage ;

Le métayage.

Le *faire-valoir direct*, soit par le propriétaire lui-même, soit par un chef de culture intéressé ou gagé, a ses avantages et ses inconvénients. C'est à ce mode d'exploitation qu'on peut appliquer le vieil adage : *Tant vaut l'homme, tant vaut la chose.* Je connais des propriétaires cultivateurs qui ont réussi et dont les domaines peuvent être cités comme des modèles de perfection agricole. Mais il en est aussi qui sont restés au-dessous de leur tâche et qui ont succombé.

Le faire-valoir direct, d'ailleurs, n'est pas praticable d'une manière générale ; il exige des connaissances spéciales en agriculture et la résidence : la plupart des propriétaires seront donc toujours forcés de confier l'exploitation de leurs domaines à des métayers ou à des fermiers.

Il est cependant des cas où le propriétaire devra cultiver lui-même une ou plusieurs fermes, afin de les remettre en bon état, en y réalisant des améliorations foncières qui exigent une entière liberté d'action. Sous ce rapport, le faire-valoir direct a une grande importance dans le Berry. Je me borne à cette simple mention, ne voulant pas me détourner du but que je me suis proposé dans cette étude.

Je ne parlerai pas non plus des *fermiers généraux*, affermant plusieurs domaines qu'ils sous-louent ensuite à des métayers. Arthur Young, M. de Raynal, MM. Bignon et E. Damourette en ont dit trop de mal pour que j'ajoute un mot à leurs critiques. Comme eux, je repousse ce système, qui a perdu l'Irlande.

Restent donc sérieusement en présence le *fermage* et le *métayage*.

Quand il s'agit de juger deux systèmes, la méthode la plus sûre est de comparer leurs résultats, pris dans leur ensemble, en dehors des exceptions. C'est la situation actuelle, produite par plusieurs siècles d'expérience, que nous avons à établir.

Appliquant cette méthode au sujet qui nous occupe, nous constaterons :

D'une part, que le *fermage a fait la fortune* de l'Angleterre, de la Hollande, de la Belgique et du Nord de la France. Ce n'est pas moi qui parle, Messieurs; c'est M. E. Damourette lui-même qui a écrit cette appréciation (1). M. de Raynal, dans son discours si remarquable, avait dit avant lui : « Le fermage est une utile et grande industrie, *à laquelle l'agriculture a dû*, en Angleterre et en France, *ses plus grands progrès* (2). »

Nous constaterons, d'autre part, que le *métayage* a produit presque partout des résultats déplorables. Nous le retrouvons dans un trop grand nombre de propriétés du Berry, ce métayage qu'on a justement appelé *la peste de l'agriculture*. Rassurez-vous, Messieurs, je ne suis pas l'auteur de ces anathèmes; je les ai empruntés au texte même des deux mémoires de MM. Bignon et E. Damourette (3).

Il est vrai que ces paroles sévères s'adressent au mauvais métayage; malheureusement c'est celui qui domine actuellement en Berry, du moins dans le département de l'Indre. — Le bon métayage, celui dont MM. Bignon et E. Damourette nous ont tracé un si séduisant programme, n'existe pas encore, pour ainsi dire; c'est celui de l'avenir, une simple espérance. Mais l'espérance en agriculture n'est-elle pas trop souvent un mirage trompeur, qui s'évanouit dès les premiers pas que l'on fait vers l'horizon offert à nos regards ?

---

(1) Page 94 du *Compte rendu des travaux de la Société du Berry*, 1864-1865.
(2) Page XI.
(3) Pages 55, 59 et 101.

En vous disant que le *bon métayage* n'est qu'une espérance, je m'écarte un peu de la vérité, et, avant tout, il faut être exact. Nous avons, en effet, dans le département de l'Indre, sous nos yeux, des exploitations confiées à des colons partiaires, parfaitement dirigées, progressives et productives. Je suis heureux de citer ces exemples, car personne plus que moi n'a applaudi aux améliorations réalisées par M. E. Bénard, dont j'ai visité, à plusieurs reprises, les propriétés près de Buzançais. J'admire aussi sans restriction les exploitations de MM. Valette, de Bondy, E. Damourette, Léon Mauduit. Ajoutez encore à cette liste quelques noms appartenant au département de l'Indre; grossissez-la des noms de ceux qui pratiquent un système douteux, contestable même, que je veux bien pour le moment considérer comme faisant partie du bon métayage, et vous arriverez à un résultat insignifiant, comme nombre, comparé à la masse énorme de cas de mauvais métayage.

En définitive, ce dernier règne encore dans l'Indre (1). Or, en faisant une comparaison, c'est, je l'ai dit, la situation actuelle que j'avais à établir; j'ai donc mis en présence le fermage et le métayage de 1866, et non pas le fermage de 1866 et le métayage des temps à venir.

Si je m'en rapporte, au surplus, à M. Bignon, cette situation ne serait pas particulière au département de l'Indre. Voici ce que je lis dans son mémoire (2) : « Ce que je constate ici avec plaisir, M. Gallicher le constate également de son côté dans l'*Encyclopédie de l'agriculture*, où il dit, en traitant de la statistique du département du Cher: « Entre les mains de *quelques* propriétaires intelligents, laborieux, » amis du progrès, le métayage a donné dans ce pays les résultats » les plus heureux. » Mais combien sont-ils les hommes qui ont eu la sagesse ou la possibilité de s'engager dans cette voie des améliorations? « On les compterait encore! s'écrie M. Bignon; *le plus généralement les métayers sont sans ressources, plus ou moins découragés, plus ou moins apathiques..... Quand on parcourt les contrées pauvres du Berry, on retrouve les métairies à peu près dans l'état où elles étaient il y a un demi-siècle !* »

---

(1) Les faits que je signale sont ceux reconnus dans le département de l'Indre. N'ayant pas visité les autres départements de la France où le métayage est usité, je ne me prononce pas à leur égard. Je ne puis parler que de ce que j'ai vu et vérifié moi-même. On assure que, dans le Maine et l'Anjou, on est parvenu à implanter le bon métayage; je fais des vœux sincères pour que cet exemple soit suivi dans le Berry.

(2) Page 45.

Tel est le tableau désespérant que nous fait du métayage actuel un de ses défenseurs les plus énergiques. Il n'a donc produit, jusqu'à présent, dans nos départements du Centre, d'après MM. Bignon et Damourette eux-mêmes, que la misère morale et matérielle des cultivateurs et la gêne des propriétaires. L'agriculture est restée arriérée, la richesse publique ne s'est pas développée.

Le fermage, au contraire, dans presque toutes les contrées où il est pratiqué, a donné des résultats absolument opposés : la fortune publique et privée augmentée dans des proportions inouïes; les progrès de l'agriculture marchant à pas de géant; le propriétaire satisfait, et, par-dessus tout, la classe des cultivateurs devenue plus intelligente, et par là même meilleure, apportant au pays le concours de vrais citoyens, libres et dévoués à l'ordre.

Vainement a-t-on cherché à amoindrir cette supériorité. On l'a attribuée à la constance du climat et à la constitution à peu près uniforme du sol des pays de fermage. C'est, selon moi, une erreur. Si le climat de la Belgique et du Nord de la France se prête mieux à la production des fourrages que celui du Centre, par compensation il lui est inférieur sous d'autres rapports. Il est, d'ailleurs, très-variable, plus inconstant que celui du Berry; il lui manque une qualité essentielle en agriculture, la chaleur, qui assure au Centre de la France une position privilégiée en favorisant la culture de la vigne.

Et cependant, il n'est pas de pays où la culture soit plus variée. Lin, colza, œillette, camomille, chicorée, betteraves, houblon, céréales; on n'en finirait pas si l'on devait dresser le catalogue des produits de la terre. Faisant en quelque sorte violence à la nature elle-même, les cultivateurs du Nord sont parvenus, en outre, à récolter du tabac en abondance

D'un autre côté, la constitution du sol est loin d'être uniforme. Je conviens qu'il est, en général, de meilleure qualité qu'en Berry, mais il varie tellement, quant à la valeur réelle, que l'hectare se paie dans le même canton, dans la même commune, depuis 2,000 francs jusqu'à 10,000 francs.

La cause de la prospérité de ces pays n'est donc pas entièrement dans le climat et dans le sol; elle réside certainement dans le système d'exploitation. Le métayage n'y a nullement contribué. Aussitôt qu'il a été abandonné dans quelque province du Nord où il avait commencé par être préféré, le progrès s'est manifesté immédiatement, et a été la conséquence directe de cet abandon.

Chose remarquable, dans le département de l'Indre lui-même, l'agriculture n'est sortie de l'enfance qu'à l'aide du faire-valoir direct ou du fermage. L'influence du bon métayage a été peu sensible, car il n'est qu'une rare exception. Ce sont principalement les propriétaires-cultivateurs et les fermiers, et la liste en serait longue, qui ont donné l'élan, qui ont introduit les meilleurs procédés agricoles.

Consultons, en effet, les annales de la Société d'agriculture de Châteauroux, dont M. E. Damourette est vice-secrétaire, et nous y puiserons la preuve la plus évidente de l'importance et de l'extension du faire-valoir direct et du fermage dans l'Indre. Chaque année, cette Société décerne *une grande médaille d'honneur* au cultivateur qui réalise dans son exploitation les améliorations les plus utiles et donne au pays l'exemple d'un sage progrès.

Voici le résultat des derniers concours qui ont eu lieu successivement à Châteauroux, à la Châtre et au Blanc :

Concours de 1858. — *Lauréat : M.* Parise, fermier à Villers. — *Concurrents :* deux propriétaires-cultivateurs et un fermier.

Concours de 1859. — *Lauréat : M.* Billan, fermier à Vineuil. — *Concurrents :* trois propriétaires-cultivateurs et quatre fermiers.

Concours de 1860. — *Lauréat : M.* de Tanouarn, propriétaire-cultivateur à Saint-Lactencin. — *Concurrent :* un propriétaire-cultivateur.

Concours de 1861. — *Lauréat : M.* le comte de Basterot, propriétaire-cultivateur, près du Blanc. — *Concurrents :* trois propriétaires-cultivateurs.

Concours de 1862. — *Lauréat : M.* Foucret, régisseur intéressé de M. Masquelier, à Treuillaud. — *Concurrents :* deux propriétaires cultivateurs.

Concours de 1863. — *Lauréat : M.* Simon, fermier à Côte-Noire. — *Concurrents :* un régisseur, deux propriétaires-cultivateurs, cinq fermiers, dont un a obtenu une médaille d'argent. Enfin deux exploitants par métayer, dont un a obtenu une médaille d'or pour ses fumiers ; une médaille d'argent a été décernée au métayer.

Concours de 1864. — *Lauréat :* M. Favry, fermier à Rhodes. — *Concurrents :* quatre propriétaires-cultivateurs.

Concours de 1865. — *Lauréat :* M. Tinel, propriétaire-cultivateur à Bouesse. — *Concurrents :* un fermier, un propriétaire-cultivateur et un exploitant par métayer.

Enfin, le lauréat du concours régional de 1857 a été M. Juqueau, propriétaire-cultivateur près d'Issoudun; ses concurrents, sauf un seul, étaient tous propriétaires-cultivateurs ou fermiers (1).

Les lauréats sont donc, chaque année, des fermiers ou des propriétaires-cultivateurs; le métayage ne joue qu'un rôle effacé dans les comices agricoles de l'Indre.

A ces considérations, M. E. Damourette oppose une fin de non-recevoir ainsi conçue : « Cette question du métayage est généralement peu connue; les agriculteurs des pays où il n'est pas en usage ne le comprennent que difficilement. La plupart du temps ceux qui le blâment n'ont pas eu occasion de le voir de près et dans de bonnes conditions (2). »

J'admets, avec M. E. Damourette, que des agronomes aient traité la question du métayage sans l'avoir suffisamment étudiée et bien comprise. Ce n'est pas la première fois que l'on entend parler et que l'on voit écrire sur des sujets que l'on ne connait pas ou que l'on connaît peu. C'est même ce qui est arrivé pour le fermage, lorsqu'on a essayé de l'introduire dans les pays de métayage. On s'est contenté de notions imparfaites; on a accepté, sans les vérifier, des assertions inexactes. L'accoutumance, pour me servir d'une expression berrichonne, les préjugés et même aussi l'amour-propre local, se sont coalisés pour le repousser.

Mais je vais rappeler des faits qui prouvent qu'en faisant ce reproche, M. E. Damourette s'est trompé d'adresse.

Le *Journal d'agriculture pratique*, dans ces dernières années, a ouvert ses colonnes aux défenseurs et aux adversaires du métayage. Une longue discussion, qui remonte à 1863, s'est engagée. M. Bignon

---

(1) Le concours régional de 1866, à Châteauroux, couronne d'une manière éclatante cette longue série de succès des propriétaires-cultivateurs et des fermiers dans l'Indre. Les honneurs de la journée ont été pour M. Masquelier et son régisseur, M. Foucret, lauréats de la prime d'honneur, et pour M. Firbach, fermier de M. Masson de Montalivet.

(2) Page 87.

y est intervenu personnellement, dans une série de lettres très-remarquables.

Pourtant, malgré l'intérêt de ce débat, il reste circonscrit entre les agronomes des pays de métayage. Les cultivateurs et propriétaires des pays de fermage restent profondément indifférents, comme si cette discussion ne les concernait pas. Ils gardent un silence significatif ; ils sont muets.

Les articles du *Journal d'agriculture* nous procurent un autre renseignement très-instructif. Ils nous montrent que, dans les pays de métayage, l'harmonie ne semble pas près de régner entre les agriculteurs ; ils émettent les opinions les plus contradictoires sur le principe même du contrat de métayage et laissent le public dans l'embarras.

Les uns, avec MM. Bignon et E. Damourette, le regardent comme tout à fait supérieur au fermage ; les autres ne paraissent pas partager cet enthousiasme. D'autres, enfin, se rapprochant le plus de la vérité, recommandent le métayage amélioré comme un des moyens d'arriver au fermage. Ils font observer avec raison que le colonage partiaire s'impose souvent comme une nécessité locale et qu'il faut bien s'en servir faute de mieux.

Écoutez, au contraire, ce qui se dit, lisez ce qui s'écrit dans les pays de fermage, et vous ne rencontrerez pas un seul agriculteur qui critique ce mode d'exploitation ou soit d'avis de le remplacer par un autre système, voire surtout par le métayage. On n'entend pas la moindre voix discordante ; l'accord est unanime.

En présence de ces différences si sensibles, n'est-il pas naturel de rechercher si le métayage ne serait pas entaché d'un vice radical ?

MM. Bignon et E. Damourette ne sont pas de cet avis. « Je me demande, dit M. Bignon, de quel droit on fait peser la responsabilité de ces *résultats misérables* sur une institution qui, en principe, est bonne. Ne serait-il pas plus juste de reconnaître que les inconvénients si *nombreux* et *si réels* qu'on lui reproche, proviennent tout simplement d'une *application défectueuse* de ce mode d'exploitation (1) ? » « Si le colonage partiaire, ajoute M. E. Damourette, maintient *trop souvent* les populations dans la misère, *c'est qu'il est mal appliqué* (2). »

Je concevrais l'objection, si le métayage était né d'hier et s'il n'avait pas fait ses preuves. Il faut du temps pour qu'une méthode, bonne en principe, soit appliquée avec discernement. Les meilleures armes

---

(1) Page 55.
(2 Page 121.

tournent presque toujours contre ceux qui ne savent pas s'en servir; elles sont dangereuses quand elles sont confiées à des mains inexpérimentées. Mais le métayage se perd dans la nuit des siècles. « C'est un legs de la conquête des Romains, » dit M. Bignon. « La plus ancienne mention qui en soit faite se trouve dans Caton, » fait remarquer M. E. Damourette, qui cite aussi Columelle, Pline, etc.

Le métayage apparaît donc à nos yeux modernes avec le prestige qui entoure les monuments de l'antiquité. Assurément, voilà un système qui a eu tout le temps de se développer, de se modifier, de se perfectionner.

Qu'a-t-il produit? MM. Bignon et E. Damourette ont répondu à cette question mieux que je ne l'aurais fait. Un illustre économiste, M. L. de Lavergne, déclare que, sauf dans l'Anjou et le Maine, il coïncide avec une extrême pauvreté rurale. M. de Raynal a dit aussi, dans son discours d'installation : « Il est certain que la richesse agricole du Berry se trouve immensément au-dessous de ce qu'elle devrait ou pourrait être. »

Le fermage, bien que d'origine très-ancienne, est plus moderne.

Comment se fait-il qu'il ait prospéré, enfanté des prodiges, pendant que son concurrent restait immobile? Le fermage a-t-il joui d'un privilége spécial? A-t-il été protégé? Les deux systèmes n'ont-ils pas vécu ensemble, côte à côte, en pleine liberté? Pourquoi donc le fermage a-t-il peu à peu refoulé le métayage vers les pays méridionaux? Arthur Young avait été frappé de cette décadence lorsqu'il écrivait vers 1789 : « Il serait curieux de savoir comment, dans la Picardie, la Normandie et l'Ile-de-France, cette pratique est tombée en désuétude. » Depuis lors, quel progrès le fermage n'a-t-il pas fait aux dépens du métayage!

Ce dernier a été mal appliqué, nous dit-on : mais a-t-on bien songé à la portée de ces paroles? Ne sont-elles pas comme un certificat d'inintelligence délivré aux agriculteurs et aux propriétaires du centre de la France? Est-il admissible que, si le système avait réellement renfermé un germe de prospérité, les Berrichons n'eussent pas été capables de le faire fructifier? Ils auraient donc possédé un minerai précieux depuis des siècles, et ils n'auraient pas su le faire sortir de sa gangue!

Non, Messieurs, je n'en crois rien, et je ne ferai pas cette injure au Berry.

Comment ! deux systèmes sont pratiqués par les cultivateurs français : le fermage par les habitants du Nord; le métayage par ceux du Centre et du Midi.

L'un, c'est le fermage, aurait de graves défauts, au dire des défenseurs du métayage, et cependant ce système, adopté par les Français du Nord, a eu un succès complet. L'autre, au contraire, c'est le métayage, serait une institution parfaite en principe, supérieure au fermage, et cependant les Français du Centre et du Midi sont accusés de n'avoir pas su en tirer un bon parti.

Je crois, Messieurs, que poser la question de cette façon, c'est la résoudre.

Depuis longtemps je suis en contact avec les cultivateurs du Nord et du Berry. Je les connais pour les avoir vus à l'œuvre, non pas en passant, de loin, mais de près, vivant avec eux et appréciant leurs aptitudes respectives. Eh bien, je n'hésite pas à dire que l'intelligence naturelle est à peu près égale partout; peut-être même est-elle un peu plus vive, un peu plus prompte dans le Midi que dans le Nord. Ne traitons donc pas les Berrichons en Béotiens; ils ont les qualités et les défauts de tous les autres cultivateurs français.

Seulement, leur éducation est arriérée et ils ne possèdent pas ce capital agricole dont l'absence a frappé, avec raison, M. de Raynal.

Voilà la différence notable qui existe entre les Berrichons et les Français du Nord. D'où provient-elle?

Pourquoi les uns ont-ils une éducation plus avancée et une plus grande aisance, tandis que les autres sont privés de ces avantages?

S'il est vrai que l'intelligence naturelle soit partout la même, il faut donc que les uns aient marché dans la bonne voie et que les autres en aient dévié. Cela saute aux yeux. Nous tournons continuellement, en effet, dans un cercle vicieux, en cherchant la solution du problème suivant : Peut-on faire l'éducation des cultivateurs berrichons, leur créer un capital agricole, enrichir les propriétaires, avec un système d'exploitation qui, pratiqué depuis vingt siècles, n'a pas su procurer ces bienfaits à nos populations du Centre?

On s'en prend à tout : aux hommes, au climat, à la terre; on se place à mille de vue dans une foule de considérations, d'explications, d'hypothèses, et on ne voit pas que le mal est là, sous nos yeux, qu'il git dans le métayage lui-même.

Je répéterai à ceux qui, de très-bonne foi, défendent cette cause : Allez visiter les contrées où la terre est affermée. Vous acquerrez la preuve que ce ne sont ni les terres, ni le climat, ni les hommes, ni les capitaux qui ont produit ces merveilles, mais que le système est la cause première de cette prospérité. C'est lui qui a créé insensiblement le capital agricole, et non le capital qui a créé l'agriculture

perfectionnée; c'est lui aussi qui a fait peu à peu l'éducation des cultivateurs. J'en appelle à M. E. Damourette lui-même, qui proclame bien haut que le fermage a fait la fortune de ces contrées (1).

Convenons donc, une bonne fois, que le métayage renferme un vice radical. Ce vice est complexe; je vais essayer, Messieurs, de vous en faire la démonstration.

II. — Observations théoriques sur le métayage.

M. de Raynal a défini le métayage en ces termes : « Il semble aujourd'hui universellement reconnu que ce n'est pas là, à proprement parler, un contrat de louage, et que, sous ce rapport, il se distingue profondément du fermage; que c'est, en réalité, une société entre le propriétaire et le cultivateur, l'un apportant le sol, l'autre son travail, et que cette société est un de ces contrats essentiellement souples et libres, susceptibles de toutes les modifications, de toutes les stipulations qui n'ont rien de contraire aux principes généraux et absolus du droit. »

En admettant comme exacte cette définition, qui émane, du reste, d'un de nos maîtres dans l'art de parler le langage du droit, nous avons à déterminer les bases essentielles de cette association.

Je n'ai pas à m'occuper des conditions qui n'appartiennent pas plus à ce système qu'aux autres modes de culture. Je comprends dans cette catégorie les améliorations foncières, telles que reconstructions de bâtiments en mauvais état; agrandissement de ceux existants; assainissements, drainages, établissements de bonnes voies de communications; amendements, engrais, assolements, etc. En un mot, les éléments de toute bonne agriculture, quel que soit le mode d'exploitation, et sans lesquels on ne saurait cultiver la terre avantageusement.

Ce sont donc les conditions spéciales du contrat d'association, dit métayage, qui doivent être l'objet de notre examen.

Si je ne me trompe, MM. Bignon et E. Damourette ont éprouvé un certain embarras à formuler ces conditions : ils sont restés dans le vague; sans se prononcer d'une manière formelle sur les diverses

(1) On se plaint souvent de la rareté des capitaux : l'habileté et l'amour du travail manquent plus souvent encore que les capitaux. Les capitaux s'amassent peu à peu là où se rencontre la diligence, et c'est presque toujours *l'indolence et les institutions propres à la nourrir qui retiennent le peuple dans la misère*. (J.-B. SAY. — *Cours complet d'économie politique pratique.* Paris, 1840 ; tome Ier, p. 274.)

clauses du bail à moitié, ils se bornent à donner des indications incomplètes, insuffisantes, selon moi, pour guider les propriétaires.

C'est aussi l'avis exprimé par votre commission, dans le rapport qu'elle a fait sur les deux mémoires.

Je sais bien que ce contrat autorise les stipulations les plus diverses et qu'il est essentiellement souple et libre; mais, abstraction faite des détails qui doivent varier selon les localités, il me semble qu'il aurait fallu préciser au moins les règles générales qui sont le fondement de cette association, et qui doivent être respectées dans tous les cas, afin de lui conserver son véritable caractère.

C'est donc au point de vue d'une association sérieuse et réelle que je me place. Cette étude ne s'appliquerait pas évidemment à un contrat innomé, autrement dit à un contrat de fantaisie, qui n'aurait aucun rapport avec la définition donnée par M. de Raynal.

L'association, en général, consiste soit dans une réunion d'efforts tendant au même but, soit dans une communauté de biens, d'intérêts ou de consommation (1). Elle est le plus puissant moyen que l'homme possède pour réaliser de grands desseins; elle permet de suppléer, par l'accumulation indéfinie des forces individuelles, à ce que celles-ci, prises isolément, ont de nécessairement limité.

Le but à poursuivre au-dessus de tous les autres, c'est de faire régner la vérité dans les actes sociaux. Il faut, ensuite, que les intérêts des associés soient identiques, et que les avantages généraux qui sont le résultat de l'association, des efforts communs, deviennent aussi des avantages réels pour chaque associé en particulier. Une association qui ne donnerait qu'une part illusoire des bénéfices à une certaine classe d'associés serait un contrat léonin; elle serait viciée dans son principe.

Ces règles primordiales, qu'il est fort difficile, pour ne pas dire impossible de respecter dans l'association appelée métayage, se résument dans les quatre points suivants :

1° But de l'association.

2° Apports sociaux. — Droits et obligations respectifs des associés.

3° Administration.

4° Partage des bénéfices.

Je vais passer successivement en revue ces parties essentielles du contrat d'association.

---

(1) *Dictionnaire d'économie politique*, au mot ASSOCIATION.

1° — *But de l'association.*

L'association étant une réunion d'efforts tendant au même but, il s'ensuit que l'intérêt des associés doit être identique.

Dans le métayage, le but et l'intérêt de chacun des associés sont différents.

Le but du propriétaire qui administre en bon père de famille n'est pas seulement de retirer un profit annuel : une louable pensée d'avenir le poursuit. Il cherchera à ménager ses ressources, à augmenter continuellement la valeur de son capital, à accroître, en un mot, sa fortune. Il ne craindra pas de sacrifier un peu le présent ; il ne reculera pas devant une diminution momentanée de son revenu, s'il a l'espoir d'en recevoir un jour la récompense.

Le métayer n'a pas le temps d'attendre. Son but unique est d'obtenir un produit immédiatement partageable. On ne le blâmera pas d'avoir cette tendance, car on ne peut exiger de lui un désintéressement que ne comportent pas les contrats de métayage. — Chacun son droit, en pareille matière. — Le droit du métayer est de ne donner son concours comme associé qu'à la condition d'en recueillir un avantage actuel ; or il n'aura jamais aucune part dans l'augmentation de la valeur du capital ; donc il est fondé, en droit et en bonne justice distributive, à ne rien faire pour réaliser cette augmentation.

Ainsi le propriétaire travaille pour le présent et pour l'avenir.

Le métayer ne doit travailler que pour le présent.

Les conséquences de cette divergence ne vous échapperont pas, Messieurs ; elles conduisent fatalement à un défaut d'harmonie entre le propriétaire et le métayer, car l'entente ne peut exister que là où les intérêts sont les mêmes. S'ils sont contraires, ou simplement différents, l'union se brisera tôt ou tard.

Cette première base de toute association, c'est-à-dire l'identité du but et des intérêts, manque donc au métayage. Et cet inconvénient est irrémediable, car il est dans la nature des choses.

L'antagonisme, m'objectera-t-on, se rencontre aussi dans les rapports entre propriétaires et fermiers. — Cela est vrai ; mais il ne produit pas les mêmes effets par une raison bien simple, c'est que le bail à ferme n'est pas une association. Le propriétaire abandonne la jouissance de son domaine à un fermier moyennant une redevance annuelle payable en argent et fixée à forfait pour toute la durée du bail. Le fermier cherche un bénéfice sur ce forfait : pourvu qu'il s'enrichisse, son but est atteint; il ne regrettera pas l'augmentation de la valeur du domaine, s'il a lui-même fait de bonnes affaires. — J'ai vu des fermiers drainer des pièces de terre, à leurs frais, sans le concours du propriétaire, parce qu'ils avaient la certitude de rentrer dans leurs avances, d'éviter des pertes de récoltes, enfin de réaliser un bénéfice sur cette opération, avant l'expiration du bail.

Le fermier a raison, son calcul est juste; le métayer aurait tort, car il serait dupe.

2o — *Apports sociaux. — Droits et obligations respectives des associés.*

J'ai dit en commençant que le but à poursuivre, au-dessus de tous les autres, c'est de faire régner la vérité dans les actes sociaux.

Énumérer les apports de chaque associé, les évaluer avec sincérité, telle est la première condition de tout contrat d'association. C'est, en effet, l'importance des apports qui servira à déterminer les droits respectifs des associés. Si l'un des associés apporte 1 et si l'autre apporte 2, la premier n'aura droit qu'à un tiers des bénéfices et l'autre à deux tiers. On commettrait une injustice criante en convenant que le partage de ces bénéfices se fera par moitié. On serait peut-être d'accord avec la loi, mais, à coup sûr, on ne ferait pas un acte honnête.

Il en est de même des charges spéciales imposées à chacun des associés. Elles seront en rapport avec la quote-part qui leur est attribuée dans les bénéfices de l'association.

Ce sont là des règles d'un ordre supérieur, applicable à tous les contrats, car elles sont fondées sur la stricte équité.

Dans le contrat de métayage, ces règles sont-elles observées?

C'est une association du capital et du travail, a-t-on dit, soit : faisons d'abord remarquer que le propriétaire n'apporte pas seulement le capital, mais encore l'intelligence directrice, c'est-à-dire un véritable travail, comme le métayer. Constatons également que le métayer n'apporte pas seulement le travail, mais aussi, dans certains cas, une portion plus ou moins considérable du capital d'exploitation.

Ce contrat est donc, de sa nature, très-complexe. C'est l'association du capital-travail du propriétaire avec le travail-capital du métayer.

Je laisse de côté l'évaluation du travail de chaque associé. Je ne connais pas, en effet, de moyen pratique pour convertir cet apport en chiffres. — Cela est regrettable, parce que chaque associé aura la pensée intime que son travail a plus de valeur que celui de son coassocié.

Mais au moins devrait-on se mettre d'accord sur la consistance et la valeur des apports en capitaux. Or, je n'ai trouvé à cet égard aucune indication précise dans les deux mémoires.

M. Rieffel, cité par M. Bignon, est d'avis que le métayer apporte la moitié du capital d'exploitation et le matériel, et que les avances, c'est-à-dire le fonds roulant, soient égales.

Dans le bail de 1860, en trente-deux articles, cité comme modèle par M. Bignon, l'apport du métayer consiste uniquement dans ses bras. Dans celui, en cinquante-quatre articles, proposé par M. Damourette, le métayer doit posséder un certain capital pour compléter le cheptel. Mais ce bail ne constitue pas un contrat de métayage simple ; plusieurs de ses dispositions sont empruntées aux baux à ferme ; d'autres aussi assignent au propriétaire le rôle qui lui appartient dans le faire-valoir direct.

Enfin, M. E. Damourette propose : 1° que tous les travaux de culture restent à la charge du colon ; 2° que les améliorations soient payées par moitié ; 3° que le cheptel soit aussi fourni par moitié (1). — Je n'ai pas besoin de faire remarquer que ces conditions ne sont pas en rapport avec les ressources de la plupart de nos métayers de l'Indre. Ils sont généralement trop pauvres ; leur seule richesse, ce sont leurs bras.

Ces combinaisons diverses et tant d'autres du même genre proposées dans les nouveaux contrats de métayage ne paraissent reposer sur aucun calcul sérieux.

J'appelle toute l'attention de la Société du Berry sur ces observations.

Elles révèlent l'existence d'un problème qui n'est pas résolu. De nouvelles études sont donc nécessaires pour découvrir la formule d'un contrat de métayage conforme aux principes généraux qui doivent régir les associations de ce genre.

3° — *Administration.*

Dans le métayage, l'un des associés est un *maitre*, et l'autre associé est un *serviteur.*

Ce qui m'a frappé dans les deux mémoires, ce sont les rôles attri-

---

(1) Page 104.

bués au propriétaire et au métayer. Au premier doit appartenir le pouvoir absolu ; il aura la direction et le commandement ; il pourra, au besoin, renvoyer son serviteur en tout temps, même dans le courant de l'année, s'il n'en est pas satisfait.

« Le bail de 1860 n'est pas parfait, dit M. Bignon, mais il offre de puissantes garanties de prospérité, et c'est l'essentiel pour le moment. Il ne constitue pas une association dans le sens rigoureux du mot ; *sous chaque clause on découvre un maître et un serviteur,* mais on s'explique facilement cette situation. On comprend que, dans la presque généralité des cas, l'intelligence et le progrès vont se trouver associés à l'ignorance et à la routine, et que l'entente deviendrait impossible *si la discussion des moyens d'action devait être admise* (1). »

D'après M. E. Damourette (2) : « Pour conserver sa part de légitime influence, le propriétaire fera bien aussi de ne consentir au métayer qu'une jouissance très-limitée, *d'année en année,* si faire se peut : au maximum, trois, six ou neuf années. » Et plus loin : « En attendant que nous en arrivions là, *un bail court est nécessaire* pour qu'un propriétaire puisse vaincre l'apathie d'un métayer indolent ou *se débarrasser d'un colon de mauvaise volonté. En résumé, le propriétaire devra être la tête qui dirige, et le métayer le bras qui exécute* (3). »

Je ne critiquerai pas, Messieurs, l'ensemble de ces conditions, malgré ma vive répugnance à les accepter. *Dura lex, sed lex ;* le contrat de métayage les rend inévitables. En effet, le propriétaire doit conserver l'autorité absolue, ou, pour me servir d'une expression moins dure, la direction ; autrement, il serait dépossédé dans une certaine mesure, et les métayers auraient un droit sur le domaine et sur le capital mis en œuvre. Ils seraient passés capitalistes au détriment du propriétaire. On ne conçoit même pas un contrat de métayage qui ne réserverait au propriétaire qu'une seule arme, *la persuasion.* Il lui faut quelque chose de plus solide et de plus efficace, sous peine d'être livré aux caprices de son métayer. Si celui-ci avait le droit de discuter, le propriétaire serait entouré d'empêchements dans la gestion de son capital (4). Il serait en tutelle. Il en résulterait des tiraillements, et l'exploitation du domaine en souffrirait. Le métayer ne peut avoir un droit égal sur la gestion d'une entreprise qu'il n'a pas conçue,

---

(1) Page 74.
(2) Page 104.
(3) Page 107.
(4) C'est presque toujours ainsi : les métayers du Berry sont trop pauvres pour apporter dans l'association un capital quelconque.

sur l'administration d'un capital qui n'est pas à lui; ce serait presque une usurpation.

« Lorsque deux forces concourent à une œuvre, disait M. Michel Chevalier, il est indispensable que l'une des deux soit instituée la directrice, sinon elles deviennent divergentes et l'œuvre ne s'accomplit pas. Au lieu d'une production régulière et féconde, on a les péripéties stériles et fatales d'un duel sans fin. »

L'organisation administrative du métayage, proposée par MM. Bignon et E. Damourette, n'est donc pas en contradiction avec la théorie.

Examinons, maintenant, où nous conduit cette situation qui oblige à faire du propriétaire un maître, et du métayer un serviteur.

Il ne faut exiger de l'humanité que ce qui n'est pas au-dessus de ses forces. Elle a ses passions et ses faiblesses, qui viennent toujours déranger les plus belles théories, conçues *à priori* dans le silence du cabinet. Certes, si les propriétaires étaient parfaits; s'ils étaient tous humains, désintéressés; s'ils avaient tous l'intelligence des choses agricoles, le savoir, cette hauteur de vues qu'on exige d'eux; si chaque cultivateur, de son côté, était honnête, laborieux, dévoué, ami du progrès, il n'y aurait pas alors à désespérer du métayage. Nous reviendrions rapidement à l'âge d'or chanté par les poëtes : c'est ce qu'avait rêvé la Convention nationale, lorsqu'elle disait : « Il n'y a plus de domesticité; les rapports de serviteur à maître ne deviennent plus qu'un échange réciproque de soins et de récompenses. »

Hélas! ce n'était qu'un rêve, une véritable utopie.

Descendons un peu de ces régions idéales; l'agriculture n'est pas une œuvre d'imagination, elle est un fait réel, positif.

Or, Messieurs, n'êtes-vous pas effrayés de l'immense responsabilité qui pèse sur le propriétaire? Il faut qu'il sache tout, qu'il prévoie, dirige tout, possède toutes les vertus, qu'il soit tout-puissant et en même temps d'une patience angélique, d'une résignation exemplaire. « Le propriétaire qui entreprend de faire valoir par colonage, dit M. E. Damourette (1), *devra faire l'éducation de toute une famille; il doit s'armer de patience et de persévérance, car il entreprend un véritable apostolat.* »

Quel est ensuite le rôle assigné au métayer?

Celui d'un serviteur tenu à l'obéissance, sous la menace d'une expulsion s'il déplaît à son propriétaire.

(1) Page 105.

Il y a dans le bail de 1860, que M. Bignon préconise comme accusant des tendances progressives de nature à amener d'excellents résultats, un article 15 qui vaut à lui seul les commentaires les plus éloquents. « Les preneurs, dit cet article, fourniront au bailleur les œufs, volailles, légumes et le beurre dont il aura besoin quand il sera au domaine seul ou en compagnie; les preneurs feront la cuisine et *ils lui serviront de domestiques* (1). »

Ainsi, Messieurs, le métayer est destiné par la force des choses à n'être qu'un serviteur. Il appartient à la domesticité. M. E. Damourette considère ce servilisme comme une bonne chose, et la raison qu'il en donne mérite d'être rapportée :

« Ces excellents rapports ont pour conséquence immédiate de maintenir entre les métayers et le propriétaire un lien de *subordination* pour les premiers et de *supériorité* pour le second; dispositions inconnues dans les pays de fermage, où le bailleur et le preneur se trouvent sur un pied d'égalité et d'indépendance absolues. L'importance de ce fait n'échappera pas *dans un temps où rien n'est stable en politique.* Le paysan sera toujours notre plus précieuse sauvegarde contre les révolutions (2). »

Oui, Messieurs, les paysans sont des hommes d'ordre dans tous les pays, car l'agriculture ne peut vivre au milieu du trouble et des agitations; elle a besoin de paix et de sécurité. Mais, pour ma part, s'il s'agissait de choisir entre les fermiers indépendants, aisés, et ces métayers pauvres, retenus par les liens de la subordination, je n'hésiterais pas. J'ai confiance dans les premiers, comme en des hommes libres et éclairés; je me mets à la place des seconds, et je sens naître en moi le désir d'être émancipé et de conquérir ma liberté d'action. Ce qu'il faut enfin chez un peuple, ce ne sont pas des serviteurs, ce sont des citoyens qui présentent des garanties de lumière, d'indépendance et d'ordre.

Je ne m'étonne pas de la position faite au métayer, car le métayage nous vient de Rome; il est la transition naturelle de l'esclavage à une exploitation libre. Il date d'une époque où les relations

---

(1) Plusieurs membres de la Société du Berry ont contesté que cet état servile existât pour les métayers de l'Indre. Or j'ai sous les yeux le mémoire rédigé par M. Valette pour le concours régional de 1866, et j'y trouve la déclaration suivante : « Telles sont les bases sur lesquelles repose chacun de mes baux avec mes colons. Ainsi qu'on le voit, *ces derniers sont réduits à l'état de domestiques intéressés.* Il y a solidarité entre eux et moi, pour la perte comme pour le gain. »

(2) Page 118.

de propriétaires à cultivateurs ne résultaient pas d'un contrat librement débattu de part et d'autre.

Voilà pour quel motif encore le fermage est supérieur au métayage. — Le fermier est indépendant, il est libre, il est un maître.

J'en appelle aux souvenirs de ceux qui ont visité les pays de fermage. Quelle supériorité sous le rapport du savoir agricole, quelle aisance dans les manières comparée à la crainte qui domine nos métayers!

M. E. Damourette s'effraie de ce que les fermiers sont sur le pied d'égalité avec leurs propriétaires; il a tort : il n'y a aucun danger à élever jusqu'à nous les petits et les faibles. L'égalité qui consiste à faire endosser la blouse à l'humanité entière procède d'un mauvais sentiment; elle tend à abaisser les uns sans améliorer la condition des autres. Celle, au contraire, qui transforme les blouses en habits est la bonne; elle est conforme à la loi du progrès.

Aussi, les rapports entre fermiers et propriétaires n'en sont-ils que meilleurs. Le propriétaire estime son fermier; il n'a pas avec lui cet air de commandement qu'un maître prend malgré lui avec ses serviteurs. La dignité de tous les deux est respectée. Le fermier, de son côté, est plein de déférence pour son propriétaire: il est heureux de lui montrer son exploitation, de lui exposer ses besoins et ses espérances.

Dans ma carrière déjà longue, j'ai eu souvent l'occasion d'être l'objet de ces attentions. Elles m'ont vivement impressionné; je considère toujours ces visites agricoles comme une véritable fête.

On m'objectera probablement que si je vis en bonne intelligence avec mes fermiers, il ne s'ensuit pas que tous les propriétaires soient dans ce cas. Il y a de mauvais, de détestables fermiers, j'en conviens; il y a même des propriétaires tout aussi mauvais, tout aussi détestables. Mais que l'on fasse une statistique, et l'on acquerra la preuve que le nombre n'en est pas aussi grand qu'on le croit. Du reste, les causes de froissements et de discussions sont rares; tout au plus un nuage paraîtra-t-il au moment du renouvellement du bail; mais comme le fermage doit être fixé d'après le prix courant de la location, le nuage est bientôt dissipé.

4° — *Partage des bénéfices.*

Dans les associations qui fonctionnent régulièrement et qui respectent cette loi suprême de nos actions qu'on appelle le bon sens, le partage des bénéfices se fait de la manière suivante :

Chaque année, à une époque déterminée dans le contrat d'association, on procède à un inventaire de l'actif et du passif social. On évalue les objets en nature ou non réalisés, et la balance entre l'actif et le passif forme ce que l'on appelle le bénéfice net ou la perte, selon le cas.

S'il y a bénéfice, on le partage alors suivant les droits des associés, tels qu'ils sont fixés par l'acte d'association.

S'il y a perte et que la perte dépasse certaine limite prévue d'avance, la dissolution de la société est prononcée.

Dans tous les cas, on ne doit faire de distribution entre les associés que s'il y a bénéfice; c'est la condition *sine quâ non.*

Tout cela est simple et rationnel. En suivant cette marche, chaque associé a toujours en perspective le résultat final. Il n'a pas à s'inquiéter de la quotité du fonds roulant à l'aide duquel sont payés les frais de production; car, forte ou faible, cette quotité a, dans tous les cas, sa rétribution distincte, prélevée sur le produit brut, et le bénéfice net ne se compose que de l'excédant qui subsiste après que l'on a déduit tous les frais sans exception. Il est assez indifférent aux associés qu'on fasse de grandes dépenses pour obtenir un produit quelconque, pourvu qu'au bout du compte il y ait bénéfice.

Le métayage en prend fort à son aise : il méconnaît tous ces principes. On ne constate jamais le bénéfice réalisé; on n'établit pas ce qui revient légitimement à chaque associé. Perte ou gain, le partage des produits a lieu chaque année, constamment de la même façon. Or, il peut arriver, dans une exploitation agricole, qu'une année d'abondantes récoltes se solde en définitive en perte, et ce sera dans cette année que les associés auront opéré le plus fort prélèvement sur l'actif social; réciproquement, une année de récoltes médiocres peut laisser un bénéfice net : résultats bizarres qui démontrent les imperfections du métayage.

Le contrat de fermage ne présente pas ces anomalies. Il respecte les principes élémentaires que nous avons indiqués. Le propriétaire abandonne tout le bénéfice net à retirer de l'exploitation du domaine moyennant un forfait qui est la représentation de la part lui revenant comme fournissant la terre. Pour qu'il y ait fermage, il faut donc qu'il y ait possibilité pour le fermier de retirer du domaine, bon an mal an, un bénéfice. Ce contrat est ainsi fondé sur une idée exacte, tandis que le métayage distribue des dividendes, même quand il y a perte.

Ce n'est pas tout : comment partage-t-on les produits du sol?

En nature, c'est-à-dire sans avoir aucun égard à la valeur des objets partagés, à leur influence sur l'actif social, aux frais faits pour les obtenir. Au lieu de partager des valeurs, on partage des quantités. On conçoit que, dans les temps reculés, lorsque la monnaie métallique était rare, on ait eu recours au partage en nature. Aujourd'hui il ne se comprend plus. A-t-on jamais songé, dans les associations industrielles, à faire aux associés une distribution des produits fabriqués?

Le partage des produits se faisant en nature, quelle est la position des métayers, en supposant que chaque associé prenne la moitié? Je choisis cette quotité, parce qu'elle est généralement adoptée en Berry. La main-d'œuvre étant à sa charge, le métayer devra s'abstenir de toute culture qui lui occasionne une dépense supérieure à la moitié de la valeur de la récolte, autrement il subirait une perte sèche.

« Il a un intérêt constant, écrivait M. H. Passy, à consulter, dans le choix des récoltes, non pas ce qu'elles peuvent laisser par hectare, les dépenses de culture recouvrées, mais le rapport établi entre le montant des frais de production et la valeur totale des récoltes. Pour lui, les meilleures cultures sont celles qui demandent peu d'avances; les plus mauvaises, celles qui en demandent beaucoup, quel que puisse être le chiffre de l'excédant réalisé. »

M. le vicomte de Dreuille, dans une brochure dont M. Thouret vous a entretenus dans la séance de décembre 1865, fait toucher au doigt cette nécessité pour le métayer de s'abstenir de toute culture coûteuse.

C'est pour obvier à cet inconvénient que M. E. Damourette engage fortement les propriétaires à réduire l'étendue de leurs domaines: « Chaque exploitation, dit-il, doit être limitée par la surface que peut cultiver une famille (1). » 25 hectares pour la Brenne et le Boischaut et 50 hectares pour la Champagne seraient, pour lui, des divisions convenables; mais ce n'est là qu'un remède impraticable et ruineux.

En effet, les terres de Brenne valent au plus en moyenne 500 francs l'hectare, de sorte que les frais de construction de nouveaux bâtiments d'exploitation atteindraient presque la valeur des terres. Que de

_____

(1) Page 124.

millions à dépenser en France s'il fallait suivre ce conseil! Dépenses perdues, car ce ne sont pas les bâtiments qui manquent à l'agriculture, tant s'en faut : il n'y en a que trop ; c'est l'agriculture qui manque aux bâtiments. Il serait bien préférable de répandre cet argent sur la terre elle-même.

Au surplus, dans tout domaine, si petit qu'il soit, la famille seule ne peut satisfaire à tous les travaux. « Il est des temps, dit M. Thouret avec beaucoup de raison, où il faut que les cultivateurs s'adjoignent des ouvriers, ou que l'agriculture souffre. D'ailleurs, pour n'être pas acheté, le travail du métayer n'en a pas moins sa valeur; s'il ne l'employait pas sur son domaine, il pourrait le louer, et aux prix où sont les salaires, qui tendent toujours à augmenter, il pourrait le convertir en beaux écus sonnants (1). »

Ces observations s'appliquent également à un article que notre honorable vice-président, M. Valette, a publié récemment dans le Moniteur (2). Il nous donne un exemple de bon métayage, digne de tous nos éloges. Il nous explique les belles choses qu'il a faites, et, en lisant cet article, on se laisse volontiers séduire par cette parole honnête et convaincue qui distingue M. Valette : Vir probus, dicendi peritus.

Mais, dans cet article, il y a des aveux dont je prends acte. Poussé par l'évidence des faits, M. Valette nous dit : « Les colons sont eux-mêmes les agents travailleurs de l'exploitation; pour que ce système ne soit pas détourné de son principe, il importe qu'ils emploient le moins possible de serviteurs à gages. » C'est-à-dire qu'avec le métayage, l'agriculture est enfermée dans un cercle étroit. Sa seule et unique force d'action, ce sont les bras des métayers; elle doit donc proportionner son travail à la puissance matérielle dont elle dispose. Lorsque l'on est parvenu, dans une exploitation, à absorber complétement les bras de la famille, on lui dit : Tu n'iras pas plus loin.

« De là, ajoute M. Valette, la nécessité de diminuer les exploitations qui dépassent une certaine étendue. »

Nous avons vu qu'il était bien difficile de régler d'avance l'étendue des domaines, de les diviser en deux, en trois ou en quatre. Il est, en outre, assez singulier que le métayage ne puisse faire un pas sans être accompagné d'un cortége de restrictions et d'empêchements de toute espèce. Il a besoin, pour vivre, d'arrangements spéciaux, de si-

---

(1) Page 177.
(2) Moniteur du 14 février 1866.

tuations particulières. Le fermage est moins exigeant : il se prête à toutes les combinaisons; il dédaigne les entraves; il accepte l'humble morceau de terre de quelques ares et les grands domaines de 400 à 500 hectares; il repousse ces chaînes auxquelles le métayage est rivé.

M. Valette va plus loin encore dans ses déductions :

« Toutefois, l'intérêt que l'on a d'augmenter, par une plus abondante alimentation, la quantité de bestiaux sur un domaine, ne doit pas faire perdre de vue l'idée économique particulière au colonage partiaire; *il faut s'adresser* DE PRÉFÉRENCE *aux cultures des plantes qui exigent le moins de main-d'œuvre.* »

Chacun de nous appréciera cet aveu d'impuissance; quant à moi, je me borne à dire avec M. H. Passy (1) :

« Ainsi pèsent sur le métayer des conditions sous lesquelles il ne saurait, sans courir à sa ruine, s'attacher aux sortes de productions qui sont le plus fécondes en richesse et en prospérité rurales. C'est là un obstacle sérieux au développement progressif de l'agriculture, et un de ces obstacles qu'il n'est possible à aucune combinaison de jamais faire complétement disparaître. »

En résumé, le métayage amélioré avec son organisation administrative, décrite par MM. Bignon et E. Damourette et définie par ces deux mots : *maître et serviteur*, n'est pas une société; ce n'est pas autre chose qu'une des variétés du *faire-valoir direct*, au moyen d'agents plus ou moins intéressés; autrement dit, c'est une sorte de *régie intéressée*.

Ne cachons pas la vérité sous les fleurs de rhétorique, enlevons le voile qui l'enveloppe, et il nous reste, ni plus ni moins, le faire-valoir direct. On écrira longuement sur ce sujet, on dissimulera le fond au moyen de la forme, on changera l'étiquette, la marchandise ne changera pas.

Le *faire-valoir direct* et le *bon métayage* reposent sur la même idée fondamentale. Tout dépend du maître, de celui qui a la direction. Le propriétaire intelligent disparu, il n'y a plus rien qu'un métayer abandonné à lui-même et qui ne tardera pas à reculer.

Nous voici forcément amenés à considérer l'exploitation de la propriété sous un autre aspect, et par suite à classer tous les cultivateurs en deux catégories :

1° Ceux qui exploitent leur propriété avec l'aide de domestiques, de régisseurs, de métayers, etc. ;

---

(1) *Dictionnaire d'économie politique*, au mot AGRICULTURE.

2° Ceux qui exploitent la propriété d'autrui : fermiers, fermiers généraux, métayers, etc.

A la première catégorie appartient le *bon métayage*, avec intervention active, éclairée, indispensable, du propriétaire ; le *mauvais métayage*, où se traîne le colon *seul* avec sa misère et sa routine, sans la coopération du propriétaire, appartient à la seconde.

Abandonné de tous, le *mauvais métayage* ne peut supporter la comparaison avec le *fermage*.

Quant au *bon métayage*, est-il supérieur aux autres modes de faire-valoir direct? Je ne saurais l'admettre. Il peut être un pis-aller, une nécessité de position, un moyen de transition, rien de plus. Le propriétaire qui fait valoir a besoin de toute sa liberté d'initiative et d'action, qu'il ne peut que gêner par un bail avec ses colons, même en cinquante-quatre articles : il doit rester complétement le maître.

Que le *bon métayage* puisse convenir pour une exploitation de fantaisie à ceux qui font de l'agriculture par délassement d'occupations plus importantes, absorbant la majeure partie de leur temps, rien de mieux ; mais avec une demi-présence, une demi-intervention, ils n'auront qu'un demi-succès. Ce n'est pas là qu'est le progrès. Il est dans l'action libre, énergique du cultivateur, propriétaire ou fermier, stimulé par l'intérêt personnel au succès d'une opération dont seul il a la responsabilité, et dont seul il recueillera les fruits.

Cette étude des principes du contrat d'association appelé métayage, est encore incomplète, mais j'ai montré la voie, j'ai rouvert la discussion, nos habiles agronomes du Berry ne laisseront pas l'œuvre inachevée.

Il me reste à signaler les résultats généraux du métayage. Quoique cette lecture ait déjà absorbé une grande partie de cette séance, j'ose vous prier, Messieurs, de m'accorder encore pendant quelques instants votre bienveillante attention.

III. — LE MÉTAYAGE EST UN SYSTÈME VICIEUX AU POINT DE VUE DU DÉVELOPPEMENT DE LA RICHESSE PUBLIQUE ET PRIVÉE DES NATIONS.

« Les richesses sociales, les richesses qui sont des propriétés, se composent de la valeur des choses que l'on possède. » Tel était le langage tenu par J.-B. Say, dans son *Cours d'économie politique*, et il ajoutait : « Pour qu'une valeur soit une richesse, il faut que ce soit *une valeur reconnue, non par le possesseur uniquement, mais par toute autre personne* (1).

» Or, une *marque certaine* que la valeur d'une chose que je possède est reconnue et appréciée par les autres hommes, c'est lorsque, pour en devenir possesseurs, ils consentent à me donner une autre valeur en échange. Alors la quantité de ce que l'on donne en échange, comparée avec la quantité qu'on en donne pour acquérir tout autre objet, établit entre ces deux objets le rapport qui existe entre leur valeur. »

Et J.-B. Say concluait ainsi :

« Les biens qui ont une *valeur d'échange* constituent ce que les nations nomment des richesses. »

J.-B. Say s'excusait d'insister sur des observations *si communes*, mais il sentait la nécessité de rafraîchir la mémoire de ses auditeurs, sachant bien que trop souvent on oublie ces vérités fondamentales.

Posséder un objet quelconque ne suffit pas ; il faut encore, pour que cet objet soit une richesse, qu'il ait une valeur reconnue, et qu'il me soit toujours possible de trouver un acquéreur le jour où je voudrai le céder.

J'estime qu'un domaine vaut 60,000 francs. — Personne n'en offre au delà de 30,000 francs. C'est une preuve que la valeur de ce domaine a été exagérée, et que, dans le compte de la richesse publique, il doit figurer pour une valeur inférieure à 60,000 francs.

Il est évident aussi que la propriété d'une vaste forêt située dans l'Ouest des États-Unis, perdue au milieu des terres, ne constitue ni une valeur, ni une richesse, car personne ne se présentera pour en acquérir même la superficie, qui le plus souvent sera réduite en cendres. Je suppose enfin que je sois jeté au milieu d'une île déserte, sans communication avec le reste du monde et que j'aie sous la main des mines remplies de métaux précieux ; je ne tarderai pas à mourir de faim, en possédant tout ce qui procure l'abondance dans les pays civilisés et bien peuplés. Le grand propriétaire en Russie est souvent mal aisé avec ses greniers remplis de blé.

Ainsi donc, non-seulement il faut des *possesseurs* de biens quelconques, mais encore il faut des *acheteurs*.

Plus le nombre des acheteurs est grand, plus les biens qui composent la richesse publique et privée acquièrent de valeur, et plus, par conséquent, cette richesse publique et privée augmente.

---

(1) *Cours complet d'économie politique pratique*, pages 69 et 70. — Édition de 1840. Guillaumin, libraire.

Plus le nombre des acheteurs est restreint, plus la richesse publique et privée diminue, et si ces acheteurs disparaissent, le possesseur de ces biens ressemble à cet homme relégué dans une île déserte, entouré de monceaux d'or, avec lesquels il ne peut pas même se procurer un morceau de pain.

Excusez-moi, Messieurs, de vous entretenir de questions qui, à première vue, semblent étrangères au métayage. Un peu de patience, je vous en prie, et vous verrez que ces préliminaires avaient leur utilité.

Mais je vais d'abord donner la parole à MM. Bignon et E. Damourette ; j'use de cette faculté, que vous ne me dénierez pas, d'emprunter mes meilleurs arguments à mes honorables contradicteurs.

« Il est certain, dit M. Bignon, qu'avec un propriétaire. . . . . *n'entendant rien aux affaires agricoles* . . . . il n'y aura rien à attendre, quant à présent, de l'institution du métayage. Pour lui, de deux choses l'une : *le mieux est de convertir sa propriété en argent;* ou bien, s'il est homme à se contenter de peu, de s'adresser aux intermédiaires que l'on désigne sous le nom de *fermiers régisseurs* (1). »

« *Se mettre à la hauteur de sa tâche,* dit M. E. Damourette, tel doit être le premier soin de tout propriétaire qui songe à avoir recours à des colons. *Résolu à imprimer la direction, il faut qu'il commence par être bien sûr de lui;* car, avant tout, il doit inspirer confiance, et *le moindre échec* la détournerait pour longtemps (2). »

Tout cela est très-bien dit et fort sagement pensé.

Mais sont-ils communs ces propriétaires sûrs d'eux-mêmes en agriculture, où l'on n'est jamais sûr de rien, où il faut perpétuellement lutter contre les intempéries, être à la merci d'un inconnu dont Dieu seul dispose, inconnu qui vient renverser en un jour les combinaisons les plus prudentes? Sont-ils même nombreux ces propriétaires qui ont les connaissances élémentaires indispensables?

M. Bignon, vous le savez, a déclaré qu'on les compterait encore, et M. E. Damourette confirme cette assertion en disant (3) : « *L'éducation de nos propriétaires est entièrement à faire.* »

Ainsi, voilà qu'en vertu même des déclarations faites par MM. Bignon et Damourette, déclarations que je ne contredis pas dans une certaine

<hr>

(1) Page 56.
(2) Page 103.
(3) Page 102.

mesure, il n'y aurait, même en Berry, que très-peu de propriétaires capables de diriger convenablement l'exploitation de domaines soumis au colonage.

En dehors des pays de métayage, cette pénurie sera encore plus sensible. Tout le monde n'a pas le bonheur d'être élève de Grignon. Les capitalistes, commerçants, industriels, retirés ou non retirés des affaires, ceux qui ont embrassé les carrières libérales, auront grandement raison de suivre les conseils de M. Bignon et de ne jamais acheter des domaines exploités par des colons, car la plupart n'en tendent rien aux questions agricoles. Et il en doit être ainsi : l'homme n'est pas universel ; on peut être un commerçant de premier ordre, un légiste éminent, un médecin hors ligne, et ne pas savoir comment le blé pousse. De même, on peut être un excellent agriculteur, et ignorer quel est le prix du coton ou le mécanisme des métiers qui le transforment.

Dans tous les pays enfin, ces propriétaires sûrs d'eux-mêmes ou ayant des connaissances suffisantes en agriculture seront toujours rares. Et si nous les attendons, nous risquons de faire une bien longue faction à la porte du progrès.

Dès lors, et c'est là que je veux en venir, je me demande à qui nous vendrons nos domaines exploités par des colons, si la plupart des capitalistes que j'ai cités sont écartés des enchères. Car enfin, qui dit *immeuble* ne dit pas pour cela un objet dont il me soit interdit de me défaire. Il peut survenir tel incident qui me force à vendre : à qui vendrai-je? A ces capitalistes? Cette espèce de propriété ne leur convient pas. M. Bignon a bien soin de les détourner et de les prévenir que ce serait pour eux une mauvaise spéculation. Je serai donc obligé de vendre dans des conditions désavantageuses, et par conséquent, comme je le disais tantôt avec J.-B. Say, ma richesse sera amoindrie, ainsi que la richesse publique, qui se compose du total des richesses privées.

N'est-ce pas là un vice radical du métayage?

Ce que je dis ici, je l'ai souvent entendu répéter dans le monde des affaires. Une propriété est à vendre ; les amateurs se présentent pour avoir des renseignements. Leur première question est invariablement celle-ci : Quel est le revenu? Si on leur répond métayage, ils se refroidissent immédiatement, parce qu'ils savent, aussi bien que MM. Bignon et E. Damourette, les difficultés de l'administration de ces sortes de propriétés.

Quand ce sont des fermiers qui exploitent, l'amateur n'a plus qu'à s'informer, et c'est chose facile, si le prix des baux est en rapport avec la valeur locative réelle, pour fixer ensuite le taux auquel il veut acquérir.

Par conséquent, avec le métayage, revenus incertains, opérations compliquées.

Avec le fermage, vérifications et calculs fort simples.

Telle est la différence.

Aussi qu'arrive-t-il ? Dans les pays de fermage, la terre augmente continuellement de valeur ; les acquéreurs sont nombreux. La concurrence, cette grande loi de la valeur des choses, produit des résultats incroyables. Tout capitaliste, petit ou grand, ignorant en agriculture ou savant, peut acheter des terres, placer ainsi son modeste avoir ou sa fortune avec sécurité et posséder un revenu fixe, susceptible d'augmentation avec le temps.

Je n'insiste pas sur ce point. Je suis convaincu que le métayage est une cause de dépréciation de la valeur du sol, parce qu'il éloigne les acheteurs et ne permet l'acquisition des propriétés qu'à un petit nombre d'individus privilégiés, mandarins de l'agriculture, seuls capables de les exploiter avantageusement.

IV. — En général, le métayage donne des revenus moins élevés que le fermage.

MM. Bignon et E. Damourette ont cherché à établir que le métayage, dans des conditions déterminées, donne au propriétaire le revenu le plus élevé.

M. E. Damourette cite, entre autres, à l'appui de sa thèse, les métairies du Coudon, dans les Landes, qui ont rapporté 100 et 163 francs par hectare de terre de toute nature (1) ; mais il avoue immédiatement que ces métairies, appartenant à M. le comte Walewski, n'ont que 5, 8 et 13 hectares, et que, dans sa conviction, les métayers auraient fait de déplorables affaires sur des domaines de plus grande étendue. Cet exemple ne prouve donc rien ; on ne peut en tirer aucun argument.

Au besoin, j'opposerai des faits bien plus sérieux. Je connais beaucoup de fermes en Belgique, non pas de 5, 8 ou 13 hectares, mais de 50, 80 ou 130 hectares, qui sont affermées au prix de 140 175 francs et même 200 francs l'hectare.

(1) Page 123.

Mais on ne peut ici raisonner qu'en comparant des moyennes à des moyennes.

Selon M. Rieffel, invoqué par M. E. Damourette, dans tout l'Ouest et le Centre de la France la moyenne générale de la rente du propriétaire serait :

Avec le fermage .... 25 francs par hectare.
Avec le faire-valoir direct .... 30 — —
Avec le métayage................ 40 — —

Je ne conteste rien pour l'Ouest, que je ne connais pas, mais pour le Centre, c'est différent, et je ne sais vraiment pas où M. Rieffel a pris ces chiffres. L'erreur est manifeste pour nous qui habitons le Berry. M. de Raynal (1) déclare que beaucoup de terres rapportent à peine 10 francs l'hectare à leurs propriétaires, et que celles qui rapportent le plus ne dépassent guère une moyenne de 50 francs. Je suis parfaitement de son avis; j'en sais quelque chose, et, comme renseignement complémentaire, je ferai remarquer que ces terres, rapportant 50 francs l'hectare en Berry, seraient louées, dans le Nord, 100 à 150 francs l'hectare, ce qui est infiniment plus profitable.

On peut faire de beaux calculs sur le papier, au moyen de la comptabilité perfectionnée, que je ne dédaigne pas, croyez-le bien. J'en connais, et des plus habiles, qui m'ont prouvé par leurs livres qu'ils avaient obtenu des résultats dans le genre de ceux dont M. E. Damourette nous a fait part, mais qui, par malheur, à force de s'enrichir chaque année dans leurs comptes, ont fini par se ruiner complétement.

Je me défie toujours des affirmations des propriétaires. Interrogez-les successivement, il n'en est aucun qui avoue avoir fait une mauvaise opération. Ils ont une confiance absolue qui m'étonne et me fait sourire, car je n'ai eu que trop souvent l'occasion de vérifier le revers de la médaille. Entendez-les dans les réunions, tous ont eu des récoltes extraordinaires, impossibles. Allez au fond des choses, et vous verrez alors ce qu'il faut en rabattre.

Laissons donc de côté les romans pour revenir au réel. Sous ce point de vue, le fermage est préférable, parce qu'au moins on sait à quoi s'en tenir. Il n'y a pas moyen de se faire la plus petite illusion.

Je n'affirme pas, cependant, que la substitution du fermage au

(1) Page 10.

métayage n'amènera pas une diminution momentanée du revenu. La chose est probable, lorsque ce changement se fera dans des domaines comme celui de Beaumont, appartenant à M. E. Damourette. Il est bien juste, en effet, que l'intervention active et intelligente d'un propriétaire instruit se traduise et se paie par une élévation de revenu, représentant une part du bénéfice du fermier.

Mais voici ce qui va se passer indubitablement lorsque le fermage sera généralement adopté.

A chaque renouvellement de bail, les revenus augmenteront. Ce fait a été constamment remarqué dans le Nord. Le loyer de la terre s'est continuellement élevé, dans des proportions que les partisans du métayage ne soupçonnent même pas. Depuis plus de trente ans, j'ai été à même de constater cet accroissement, en consultant les registres de fermage d'anciennes familles. Toujours, à chaque renouvellement de bail, même en temps de révolution, le fait s'est produit. Depuis 1830, le loyer de la terre a plus que doublé dans le Hainaut, les Flandres et le Brabant.

En réfléchissant un peu, on explique aisément cette progression continue.

Le fermier, comme tous ceux qui prennent l'engagement de payer une somme à une époque déterminée, tient à s'acquitter et, de plus, à faire un bénéfice. Il agit sous l'influence de cette idée fixe, qu'il faut payer le propriétaire et songer à l'avenir de sa famille. Un stimulant énergique le pousse à améliorer sa culture, à faire rendre à la terre le plus possible ; de sorte que chaque augmentation du fermage correspond à un progrès de l'agriculture. L'un ne va pas sans l'autre, sinon le fermier ne pourrait plus satisfaire à ses obligations.

J'entends d'ici les partisans du métayage se récrier.

Il y a un instant, ils prenaient grand souci de l'intérêt des propriétaires lorsqu'il s'agissait d'organiser le métayage. Ils vont probablement faire volte-face et gémir sur la dure condition faite aux fermiers par ces propriétaires impitoyables, qui profitent ainsi du travail et des sueurs des cultivateurs, sans avoir aucun mal, sans courir aucun risque.

Ne nous hâtons pas trop de plaindre les cultivateurs-fermiers du Nord. Leur condition est dure, cela est vrai, mais ce sont de grands seigneurs à côté des métayers du Berry. Ensuite, pour le fermage comme pour le métayage, à moins de circonstances exceptionnelles, le concours financier du propriétaire est nécessaire. Il intervient dans les améliorations foncières, telles que drainage, constructions de bâtiments, subsides pour établissement de routes, etc.

Que l'on consulte, au surplus, les cultivateurs, dont les intérêts sont peut-être un peu trop sacrifiés dans le Centre. Je n'en ai jamais rencontré qui aient demandé à devenir métayers après avoir été fermiers; mais j'en ai vu plusieurs enchantés de cesser d'être métayers, quelques-uns même pour se faire simples journaliers, ce qui ne prouve pas en faveur de l'institution.

M. Bignon ne méconnaît pas les sentiments qui les animent et leur vif désir de s'émanciper. M. E. Damourette fait aussi l'aveu suivant: « Il est incontestable que les métayers auront une grande tendance à devenir propriétaires *ou fermiers* aussitôt qu'ils se seront enrichis (1). »

Ils ont tort, nous dit-on; ils agissent contre leur véritable intérêt. C'est M. E. Damourette qui parle. Mais pourquoi veut-il faire le bonheur des gens malgré eux?

Si les métayers berrichons ne sont pas aussi Berrichons qu'on se plaît à le dire, et je suis, à cet égard, complétement de son avis, laissons-leur, au moins, la liberté de choisir. Ils sont plus compétents que nous pour juger un pareil procès; et s'ils n'adorent pas le métayage, ils ont sans doute de bonnes raisons pour cela.

M. E. Damourette se console de cette ingratitude des propriétaires et des métayers en conservant l'espoir qu'ils ne tarderont pas à revenir aux baux à moitié, lorsqu'ils auront fait la comparaison. Il m'en coûte de détruire cette dernière et douce illusion d'un homme convaincu, sincère et dévoué aux intérêts de notre Berry.

Mais qu'il veuille bien interpeller les propriétaires et les fermiers du Nord sur la substitution du métayage au fermage. Si les calculs les plus habiles convertissent un seul agriculteur, je consens à mettre bas les armes. Il y a plus, dans le département de l'Indre, autour de nous, nous assistons au déclin du métayage. Partout, les deux autres systèmes l'emportent.

Ou bien on cherche des fermiers, après avoir mis ses domaines en bon état, les avoir exploités pendant quelque temps, ou bien c'est le propriétaire qui cultive lui-même, à l'exemple de M. Masquelier, vice-président de la Société d'agriculture de Châteauroux, notre maître à tous, cultivateur hardi, poursuivant son but sans s'arrêter, sous

(1) Page 96.

le feu croisé des critiques dont il a été l'objet, et rendant tous les jours d'immenses services au département de l'Indre.

M. E. Damourette aura beau gémir, c'est comme cela, et j'en félicite les propriétaires, car ils me semblent avoir compris leurs véritables intérêts. Je ne veux pas m'appuyer sur les modifications que j'ai introduites dans la terre de Lancosme, on me récuserait avec raison. Mais à Vendœuvres, en pleine Brenne, qu'ont donc fait M. le comte de Lancosme-Brèves et M. le marquis de Mondragon? Je puis les nommer avec confiance, car ils évoquent de vieux souvenirs, chers au Berry. Ils sont nés dans le métayage: ils ont vécu avec lui. Eh bien, donnant un noble exemple, ils ont marché avec le progrès : ils ont d'abord cultivé leurs domaines et les ont ensuite affermés (1).

Je crois, Messieurs, en avoir assez dit pour démontrer que le métayage ne favorise ni le progrès agricole, ni le développement de la richesse publique et privée, et qu'enfin il est contraire aux intérêts des propriétaires et des cultivateurs.

Un mot encore pour répondre à quelques objections faites contr le fermage.

V. — Réponse a quelques objections contre le fermage.

Si j'ai bien compris la pensée de MM. Bignon et E. Damourette, les reproches qu'ils adressent au fermage sont les suivants:

1° Il désintéresse trop le propriétaire de la gestion de sa propriété.

2° Il excite le fermier à épuiser la terre dont il se propose de cesser prochainement l'occupation. Il la laisse complétement ruinée.

Qu'il y ait des inconvénients inhérents au fermage, je ne les conteste ni ne me les dissimule : il n'y a rien de parfait dans ce monde; mais on les a, selon moi, singulièrement exagérés.

Certains propriétaires ont, je le reconnais, le tort de rester étrangers à ce que font leurs fermiers. Ils se bornent à recevoir les loyers. N'est-ce pas aussi le tort des propriétaires de métairies? Il y en a beaucoup dans le département de l'Indre qui ne mettent le pied dans leurs domaines que pour partager les récoltes avec le métayer. C'est ce que déclare M. E. Damourette : « Le propriétaire y vient rarement: à peine paraît-il une ou deux fois, chaque année, pour

---

(1) On me signale un fait récent des plus significatifs : un des métayers de M. E. Damourette, le plus ancien, quitte le domaine de Beaumont et prend une *ferme* dans le voisinage.

procéder au partage des revenus et souvent pour faire connaître de nouvelles exigences (1). »

Je me hâte de faire observer que ces faits ne prouvent rien contre le métayage ni contre le fermage : ils sont personnels. Il dépend de la volonté des propriétaires d'éviter ce reproche; mais aucune combinaison ne parviendra à les rendre meilleurs. S'ils ne sentent pas l'utilité de veiller à leurs intérêts, de se préoccuper un peu plus de ce que font leurs métayers ou leurs fermiers, c'est un malheur auquel il n'y a pas de remède. Je ne sache pas qu'il existe un moyen de forcer les gens à s'occuper de leurs affaires.

Le meilleur palliatif, c'est encore d'amoindrir les conséquences fâcheuses de cette négligence, en adoptant un système qui se passera, à la rigueur, de l'intervention du propriétaire. Le fermage offre cet avantage, et, sous ce rapport, il l'emporte sur son concurrent, car il fonctionne régulièrement, même en l'absence du propriétaire. Or, il n'y a pas de bon métayage sans la direction intelligente, sans un minimum de *demi-présence* du maître.

On affirme ensuite que la constante sollicitude du fermier est de rentrer dans ses avances avant de quitter le domaine, et que, s'il améliore le sol dans les premières années, il s'appliquera à le ruiner, à sa sortie, pour obtenir de ses améliorations les plus beaux bénéfices (2).

L'objection est grave, d'autant plus grave que les agronomes les plus distingués et les plus éclairés du Centre sont unanimes pour la signaler. Elle est, je dois l'avouer, généralement acceptée comme une vérité dans le Berry.

Consultons les faits, et nous n'aurons pas de peine à démontrer que cette vérité est tout simplement un préjugé. Gardons-nous bien de tirer une conclusion de quelques faits isolés qui ont pu se produire dans le Berry, où le fermage n'est pas encore assez répandu.

Étudions-les plutôt dans les pays où il est le seul mode d'exploitation avec le faire-valoir direct, et nous reconnaîtrons que l'objection que je combats repose sur deux erreurs matérielles.

Mes honorables contradicteurs supposent, d'abord, que le fermier entre dans un domaine pour en sortir à la fin du bail. Première erreur.

Un cultivateur prend un domaine à ferme pour y rester longtemps.

---

(1) Page 99.
(2) M. E. Damourette, page 114.

Dans le Nord, plusieurs générations ce succèdent dans les mêmes fermes, qui se transmettent de père en fils comme un héritage, de telle façon que les intérêts des fermiers successifs se lient d'une manière intime à ceux de la lignée des propriétaires. Ils sont tellement attachés à leurs exploitations, à la ferme où leurs ancêtres ont travaillé, qu'il est parfois difficile de les renvoyer, même pour les remplacer par des fermiers plus intelligents ou plus soigneux. Ils sont comme enracinés dans le sol et ne font qu'un avec lui. Voilà l'exacte vérité.

Les fermiers ruinent la terre à la fin du bail, a-t-on ajouté. C'est une deuxième erreur.

Il y a cependant quelque chose de vrai au fond de cette objection ; le tout est de s'entendre sur la signification de ces mots : *fin de bail.*

La fin du bail et la sortie du fermier sont deux circonstances qu'il ne faut pas confondre. Le plus souvent, lorsque le bail est sur le point d'expirer, il intervient, entre le propriétaire et le fermier, un arrangement en vertu duquel ce dernier est maintenu dans sa jouissance. C'est ce qu'on appelle *le renouvellement du bail.* Le fermier n'abandonne le domaine que pour des motifs graves, exceptionnels.

Je suis convaincu que si l'on faisait la statistique de la durée effective des baux, non pas de celle qui est écrite dans les actes, mais de celle qui résulte des renouvellements successifs aux mêmes personnes, ou à leurs enfants ou à leurs parents, on arriverait à établir des moyennes très-élevées.

Dans le Nord, les renouvellements se font périodiquement. Les baux y ont en général une durée de neuf années consécutives, et ils expirent tous le 29 septembre (Saint-Michel) et le 1er octobre, ou bien le 11 novembre (Saint-Martin). Chaque année, en moyenne, le neuvième du territoire est donc à affermer. Voilà certes un événement qui devrait apporter une notable perturbation dans le pays. Heureusement ce trouble profond est purement imaginaire.

Promenez-vous pendant l'automne dans la campagne, et vous verrez les fermiers tranquillement occupés à leurs travaux agricoles. Vous n'apercevrez aucun mouvement ni aucun déménagement : la terre continue à être cultivée par les mêmes mains.

Les fermiers ne ruinent donc pas la terre à la fin du bail, car ils travailleraient contre leur propre intérêt. Ils sont presque assurés de conserver celle qu'ils occupent; ils n'ont pas la moindre inquiétude à ce sujet : leur culture est aussi soignée les dernières années que les premières.

C'est précisément cette stabilité, cette continuité de l'occupation de la même terre par les fermiers qui fait la force, le succès du fermage.

Le propriétaire et le fermier s'enrichissent simultanément : l'un, parce que sa terre, s'améliorant sans cesse, acquiert plus de valeur; l'autre, parce que son capital et son travail, s'appliquant avec sécurité à l'exploitation d'une terre de plus en plus améliorée, donnent des résultats de plus en plus productifs et laissent un excédant dont il a tout le profit pendant sa jouissance.

L'autre fin de bail est celle qui aboutit à une rupture entre le propriétaire et le fermier. Cette rupture est une exception dans les pays de fermage, mais enfin de temps en temps elle est inévitable. C'est alors seulement qu'on peut craindre les abus de jouissance, se traduisant en cultures épuisantes. Faut-il en conclure que le fermier laissera la terre ruinée ?

Non, Messieurs, ce danger n'est pas à redouter, car il est matériellement impossible qu'en deux ou trois ans un fermier détruise les améliorations accumulées pendant trente, quarante, cinquante années et quelquefois plus encore de bonne culture. Il diminuera un peu la fertilité du sol, je le concède ; ce sera un retard dont les effets seront bientôt réparés par son successeur. Au surplus, les conditions des baux paralyseront le fermier sortant.

Si celui-ci comprend bien son intérêt, enfin, il n'abusera pas de sa jouissance, au point de causer un préjudice sérieux à son propriétaire. Il n'y a pas deux manières de bien cultiver dans le Nord; il n'y en a qu'une. Toute fausse manœuvre est bientôt punie, et si, en se retirant, le fermier a la satisfaction d'avoir détérioré la terre du propriétaire, qu'il regarde alors comme son ennemi, il n'aura pas celle d'avoir accru sa propre fortune. C'est presque toujours le contraire qui arrive. Jusqu'au dernier moment il faut qu'il soigne sa culture, sous peine d'éprouver lui-même une perte plus considérable, souvent, que celle du propriétaire. Voilà le correctif le plus efficace aux abus.

Permettez-moi de vous citer un fait qui jette une vive lumière sur cette question des cultures épuisantes.

En Angleterre (1), plusieurs grands propriétaires ont adopté le système des baux à l'année. En Belgique aussi, dans le Brabant, cet usage commence à s'introduire. Assurément voilà une méthode qui facilite ces cultures de fin de bail. Ce serait le cas ou jamais pour le

---

(1) Voir *Économie rurale en Angleterre,* par M. L. de Lavergne.

fermier de ruiner la terre, puisqu'il ne sait pas si demain il l'occupera encore.

Eh bien, malgré les objections que soulève cette innovation, quoiqu'elle soit en contradiction avec les enseignements de nos agronomes les plus distingués qui ont toujours recommandé les longs baux, le système du fermage est tellement robuste, qu'il a subi cette épreuve sans broncher. Les baux à l'année n'ont porté aucune atteinte au progrès agricole en Angleterre.

J'ai dit enfin que, dans le Nord, les baux étaient de neuf années consécutives. Si les propriétaires avaient à craindre les cultures épuisantes dans les dernières années du bail courant, ils auraient la précaution de ne pas en attendre l'expiration pour affermer leurs terres. Ils s'y prendraient longtemps à l'avance.

C'est le contraire qui a lieu. Les baux qui vont expirer le 1er octobre prochain ne seront renouvelés qu'au mois de juin ou de juillet, c'est-à-dire deux ou trois mois seulement avant l'expiration du bail. Quelquefois même, le fermier, absorbé par ses travaux et ayant pleine confiance en son propriétaire, ne s'arrangera avec lui qu'après le 1er octobre, pendant l'hiver, ou se contentera d'une simple promesse verbale.

Après avoir amoncelé toutes ces preuves, ne suis-je pas autorisé à dire que les craintes répandues dans le Berry sont chimériques ?

S'il y a un système qui les justifie, c'est bien le mauvais métayage, si commun encore dans nos contrées, véritable type de culture stérilisante.

Que MM. Bignon et E. Damourette se rassurent donc ; leurs inquiétudes ne sont pas fondées. Il me reste, au besoin, un dernier moyen de les convaincre, c'est de les inviter à visiter avec moi le nord de la France et la Belgique pendant les mois de juin ou de juillet. Nous ferons ensemble un voyage instructif, qui les réconciliera avec le fermage.

Nous chercherons la trace de ces cultures du dernier jour, reprochées aux fermiers. Nous les interrogerons, nous demanderons qu'on nous montre ces terres ruinées qui épouvantent les propriétaires du Berry. Je ne m'engage pas à leur faire voir partout des récoltes également belles : il y aura des nuances correspondantes aux variétés du sol ; mais je suis certain de leur prouver qu'entre les mains des fermiers, en général, aucun effort n'est négligé pour faire rendre à la terre tout ce qu'elle peut produire. Quant aux mauvais fermiers, c'est le cas de répéter les paroles de M. Bignon, à propos des propriétaires pratiquant le bon métayage : *On les compterait encore !*

VI. — SIMPLES QUESTIONS.

« Pour tirer de la terre un revenu satisfaisant par le métayage, dit M. Bignon (1), il convient d'être en mesure *d'avancer des capitaux au besoin, et l'on doit savoir comment il faut s'y prendre pour conduire des cultures à bonne fin.* »

« Tant vaut le propriétaire, dit M. Damourette, tant vaut le métayer. — Nous ne saurions trop le répéter, *l'influence du propriétaire est énorme,* PRESQUE *tout dans une pareille entreprise.*

» Le métayage a été trop abandonné à lui-même ; l'ignorance et le manque de ressources empêcheront toujours le colon, réduit à ses seules forces, de faire quelque chose de bon. *Il y a nécessité de le suivre incessamment, sous peine* de le voir rester stationnaire ou même reculer en arrière. — Le métayage n'exige qu'une *demi-présence* (2). »

Le bon métayage, le seul dont MM. Bignon et Damourette ont pris la défense, le seul aussi qui soit admissible, exige donc la réunion de plusieurs conditions qui toutes sont essentielles, et sans lesquelles on retomberait immédiatement dans le mauvais métayage, si justement flétri aussi bien par les auteurs des deux mémoires que par les agronomes de tous les temps et de tous les pays.

Les citations que je viens de faire indiquent en quoi consistent ces conditions.

1° Il convient d'être en mesure de faire des avances ; il faut, indépendamment d'un domaine, avoir encore un certain capital disponible pour faire face à tous les besoins d'une exploitation agricole.

2° Le propriétaire doit posséder des connaissances agricoles et savoir comment il faut s'y prendre pour conduire des cultures à bonne fin. — Il conserve la haute direction ; son influence est énorme, *presque tout,* dans une pareille entreprise.

3° Il y a nécessité de suivre le colon incessamment, sous peine de le voir rester stationnaire ou même de 'reculer. Le métayage n'admet pas l'absence du propriétaire, il exige une demi-présence.

Il y a encore d'autres conditions dont j'ai déjà parlé, très-difficiles

---

(1) Page 56.
(2) Page 115.

à rencontrer chez le propriétaire, mais je m'en tiens à celles-ci. Elles me suffisent pour signaler quelques inconvénients inhérents au métayage et complétement étrangers au fermage.

Je laisse de côté, pour un moment, les critiques que j'ai faites de l'institution, étudiée au point de vue des principes.

Les meilleures théories sont sujettes à controverse. Je ne me fais pas la moindre illusion sur celles que j'ai soutenues dans cette Étude. Je suis convaincu qu'elles seront combattues et que nous ne parviendrons pas à nous entendre.

Je prends donc les trois conditions posées par MM. Bignon et Damourette. Je vais leur faire une concession qui leur sera agréable, je n'en doute pas.

J'admets que le bon métayage soit organisé comme ils le désirent. Les propriétaires possèdent des capitaux, de l'intelligence, des connaissances agricoles. Ils font acte de présence chaque fois que cela est utile pour la bonne direction de l'entreprise.

C'est très-bien ; nous avons atteint l'idéal à poursuivre.

Cependant, il faut prévoir un événement qui est assez fréquent dans ce bas monde, et qui n'épargne personne, pas même les propriétaires de domaines exploités par des colons.

C'est le décès du propriétaire et l'ouverture de sa succession.

Quelle sera alors la situation?

Plusieurs cas sont à prévoir : je m'empare de ceux qui sont les plus fréquents.

La succession du propriétaire décédé peut être recueillie :

1° Par des collatéraux ne résidant pas dans la contrée et ayant ailleurs leurs occupations ou leurs intérêts;

2° Par des héritiers mineurs, dont les affaires sont confiées à un tuteur;

3° Par des filles non mariées ou dont les maris n'entendent rien aux affaires agricoles ;

4° Par des fils étrangers à l'agriculture ou revêtus de fonctions publiques à poste fixe ;

5° Par des veuves.

Je demande à MM. Bignon et Damourette ce qu'il adviendra du bon métayage, lorsque ces circonstances se présenteront, ainsi que d'autres de même nature?

J'attends leur réponse.

Je leur demande enfin de m'expliquer comment un propriétaire de plusieurs terres situées dans deux ou trois départements différents ou même des domaines de médiocre importance et éloignés les uns des autres, comme cela se voit souvent, s'arrangera pour exercer sa surveillance et diriger les exploitations. J'avoue qu'à moins d'avoir le don d'ubiquité, le problème me semble insoluble.

M. Bignon (1) a déjà répondu : « Le mieux est de convertir la propriété en argent. » De sorte que le métayage entraîne fatalement l'aliénation des propriétés des familles.

Ensuite convertir sa propriété en argent est bientôt dit. C'est un moyen radical, il est vrai, de se décharger de ce fardeau qu'on appelle le métayage. — Mais aussi c'est un moyen excessivement onéreux, car toute aliénation se traduit, pour les vendeurs, en une perte sèche, consistant dans les frais de vente, annonces, enregistrement, honoraires des notaires, etc., soit 9 à 10 0/0, sans compter la dépréciation des immeubles à certaines époques de crise.

Je connais beaucoup de familles qui ne se soucient pas de recourir à ce moyen expéditif.

Elles ont aussi la ressource des régisseurs ; mais elle est limitée ; car elle n'est applicable qu'aux propriétés d'une certaine importance, donnant un revenu assez élevé pour permettre d'allouer un traitement convenable à un homme capable, honnête et dévoué. Autrement on tombe dans le plus détestable de tous les systèmes.

N'oublions pas, d'ailleurs, que j'ai parlé aussi, comme M. Bignon l'a fait, de domaines disséminés, de médiocre importance, où il est absolument impossible d'avoir recours aux régisseurs.

Je le répète donc, que deviendra le bon métayage lorsque ces circonstances se présenteront?

VII. — Dernière observation.

On a déjà fait une réponse à ces critiques et on la reproduira encore, selon toute probabilité : c'est à M. L. de Lavergne qu'on l'a empruntée : « Le métayage a une très-mauvaise réputation ; nous le verrons, en effet, sur d'autres points de la France, coïncider avec une extrême pauvreté rurale ; ici (le Maine et l'Anjou), *c'est le contraire qu'arrive*, etc. (2). »

_____

(1) Page 56.
(2) Page 87.

Dans d'autres contrées de la France, dira-t-on, on a également tiré un excellent parti du métayage. On m'opposera aussi les résultats obtenus par MM. Bignon, Damourette, E. Bénard, Valette, de Vogüé, etc., etc., — et on finira par conclure que ce système est parfait, qu'il est supérieur au fermage.

Cette objection n'a qu'une valeur relative, et, quant à la conclusion, elle est exagérée.

S'appuyer sur des exceptions importantes, dignes d'attention, j'en conviens, pour justifier un système à un point de vue général, est, à mon avis, un mode d'argumentation peu solide.

C'est comme si l'on disait : Voyez le fermage ; il a aussi ses mauvais côtés. En Lorraine, dans la Beauce, ailleurs, on s'en est plaint quelquefois.

Ces sortes de raisonnements sont tout simplement spécieux. S'y arrêter, c'est se contenter d'un examen superficiel, c'est accepter les apparences pour la réalité.

Comment ai-je procédé ?

J'ai considéré, d'un côté, les pays de fermage dans leur ensemble, en dehors des exceptions ; je les ai mis en présence des pays de métayage, étudiés aussi dans leur ensemble, en dehors des exceptions, et j'ai constaté un fait indiscutable, universellement reconnu, c'est que les pays de fermage sont riches et possèdent une agriculture perfectionnée, et que les pays de métayage, au contraire, sont pauvres et arriérés. Leur richesse agricole, au dire de notre honorable président, est *immensément* au-dessous de ce qu'elle devrait ou pourrait être.

J'ajouterai encore, avec confiance, que si l'on compare la valeur du sol des pays de fermage et de ceux de métayage, en choisissant des qualités similaires, bonnes ou mauvaises, on acquerra la preuve que les terres des pays de fermage se vendent à un prix double, triple, bien supérieur, en un mot, à celui des terres, de qualité identique, des pays de métayage.

J'ajouterai enfin que la suppression du métayage en Picardie, en Normandie, dans l'Ile-de-France et ailleurs, loin de nuire à ces contrées, a été le point de départ du développement de leur richesse agricole.

Il restera un dernier argument aux partisans du métayage. Ils l'invoquent à chaque instant ; ils y attachent une grande importance, et d'après eux il répond à tout.

Cet argument est celui-ci ; je cite textuellement M. Damourette :

« Les raisons qui avaient imposé ce mode de faire-valoir devaient être bien puissantes pour qu'il ait pu résister si longtemps aux efforts des agronomes anciens ; les raisons qui l'imposent encore aujourd'hui sur une surface considérable de notre beau et riche pays, particulièrement sur le sol presque entier de notre Berry, sont donc bien fortes aussi pour que l'esprit entreprenant des temps modernes ne soit pas encore parvenu à le remplacer. »

Personne ne conteste que le métayage n'ait eu sa raison d'être. — Il a été une nécessité d'époque et de localité. Mais parce qu'il vit encore après une longue carrière, s'ensuit-il qu'il soit approprié aux conditions, aux exigences de notre civilisation ? Et quand cela serait, résulte-t-il de cette ancienne origine que d'autres systèmes, plus modernes, ayant fait leurs preuves, ne lui soient pas préférables ?

Mais l'histoire proteste énergiquement contre les conséquences que l'on tire de la vieillesse du métayage.

Combien d'institutions ont disparu après avoir dominé l'humanité pendant des siècles ! — En sommes-nous plus malheureux pour cela ?

Les preuves abondent, je n'en veux citer qu'une seule, parce qu'elle est décisive : c'est l'esclavage. Il dure depuis le commencement du monde ; son origine est encore plus ancienne que celle du métayage. Voilà certes une institution détestable, condamnée par tous les hommes de cœur véritablement chrétiens. Et cependant, elle vit encore ; elle trouve tous les jours des défenseurs, et il a fallu la plus effroyable guerre des temps modernes pour la faire disparaître des États-Unis de l'Amérique.

Combien d'abus, enfin, ont été acceptés pendant longtemps comme d'excellentes choses !

Qu'on ne vienne donc plus nous parler de l'ancienneté du métayage : elle ne prouve absolument rien, et elle ne fera pas que l'institution soit bonne, si réellement elle est foncièrement mauvaise.

CONCLUSION.

Dès le début de cette étude, j'ai signalé à votre attention la thèse soutenue par MM. Bignon et Damourette.

Se laissant entraîner par leurs convictions, ils sont allés beaucoup trop loin ; ils ont mis le *bon métayage* au-dessus de tous les autres modes d'exploitation du sol; *ils le trouvent surtout bien supérieur au fermage.*

J'ai discuté cette thèse en comparant les deux systèmes (1).

J'ai fait ressortir les inconvénients du métayage; c'est le principe même de cette institution qui a été l'objet de mes investigations, et j'en ai conservé une impression défavorable à ce mode d'exploitation du sol.

Si je n'avais à vous offrir, Messieurs, que cette impression personnelle, vous seriez fondés à ne pas accueillir avec faveur les observations que je viens d'avoir l'honneur de vous soumettre. Seul et isolé, je suis impuissant. Mais ma voix n'est que l'écho affaibli des plaintes énergiques qui ont surgi de toutes parts; les économistes les plus distingués, tels que Turgot, J.-B. Say, Rossi, etc., les agronomes de tous les pays ont signalé depuis longtemps à l'attention publique les défauts du métayage.

Dans les deux mémoires couronnés par la Société du Berry, on a souvent invoqué l'opinion de M. Léonce de Lavergne et celle de M. Rieffel. M. de Lavergne, en effet, ne blâme pas toujours et quand même le métayage; il lui rend justice là où il coïncide avec le progrès agricole. Mais s'ensuit-il que M. de Lavergne trouve ce système supérieur au fermage?

---

(1) Lorsque j'ai eu l'honneur de lire ce travail dans la séance de la Société du Berry du 9 avril 1866, plusieurs de mes honorables collègues ont trouvé que j'avais été sévère dans mes critiques et ont paru douter de l'utilité du procès que je faisais au métayage.

Je tiens d'abord à déclarer que ces critiques ne s'adressent ni à MM. Bignon et Damourette personnellement, ni aux améliorations qu'ils ont introduites dans leurs propriétés. Je m'associe pleinement aux éloges dont ils ont été l'objet dans le sein de la Société du Berry. Je leur ai rendu et je leur rends encore pleine et entière justice.

Je me suis borné seulement à combattre leurs opinions avec les armes qu'ils m'avaient fournies.

C'est dans leurs mémoires, en relevant leurs propres déclarations, que j'ai puisé mes meilleurs arguments.

Le métayage avait parlé; s'il n'avait pas revendiqué une première place, qui ne lui appartient à aucun titre, nous n'aurions pas réclamé. Mais il était temps que le fermage intervînt pour affirmer son existence et pour démontrer qu'il méritait au moins une mention honorable.

Les partisans du métayage auraient tort de regretter cette discussion : elle profitera à la cause qu'ils défendent, si elle est bonne, s'ils ont la vérité de leur côté; s'ils se trompent, au contraire, elle sera encore utile, car elle servira à éclairer les propriétaires et les cultivateurs du Berry, et à leur indiquer la voie à suivre pour la bonne gestion de leurs intérêts.

Ce serait d'ailleurs faire une situation peu équitable au fermage que de le réduire au silence, alors que le métayage a pu, en toute liberté, faire l'énumération de ses mérites.

4

Il n'en est rien. Appelé à se prononcer, l'éminent économiste n'a pas hésité. Voici ce que nous lisons dans son ouvrage sur l'économie rurale en Angleterre :

« Les avantages du bail à ferme sur les autres modes d'exploitation du sol, *et en particulier sur le métayage*, se font sentir dans les parties de la France où il est usité. *C'est le grand principe de la division du travail appliqué à l'agriculture.* Une classe particulière d'hommes voués de bonne heure au métier des champs, y consacrant leur vie entière, se forme par là. Ces hommes ne sont pas précisément des ouvriers; ils sont plus aisés, plus éclairés, et ils portent le poids d'une responsabilité plus grande. Pour eux, la culture est une profession, avec toutes les chances de perte ou de gain, et si les chances de perte sont suffisantes pour tenir leur attention éveillée, les chances de gain suffisent aussi pour exciter leur émulation. »

M. Rieffel, à son tour, vient confirmer ce jugement si clair et si précis rendu par M. L. de Lavergne en faveur du fermage. « Il présente des avantages incontestables, dit-il; il est, *théoriquement*, le MODE D'EXPLOITATION PAR EXCELLENCE (1). » J'ajouterai que, *pratiquement*, il s'est placé aussi au premier rang; le faire-valoir direct seul, lorsqu'il est confié à des mains habiles, peut être mis en parallèle.

Je crois donc que le métayage, même amélioré, n'est qu'un moyen transitoire. Le fermage envahira le Berry, comme il a envahi les provinces de la France où il n'existait pas encore à l'époque où Arthur Young les parcourait à la fin du siècle dernier. Tôt ou tard, le métayage devra céder la place au fermage et au faire-valoir direct. C'es un vieil outil qu'on a sous la main et dont on se sert parce qu'on n'en possède pas de meilleur.

C'est aussi l'opinion émise par M. Le Couteux dans son rapport sur la prime d'honneur du Cher. Il s'exprimait ainsi : « *Le métayage es une nécessité d'époque et de localité.* Pour qu'il disparaisse, il fau que les causes qui l'ont motivé et le motivent encore disparaissent elles-mêmes. »

Je partage complétement la manière de voir de M. Le Couteux. Ainsi il est des contrées où le métayage persistera; dans le Midi, où la culture de la terre n'est qu'un accessoire et où la richesse agricole repose sur la récolte de produits industriels, tels que l'olive, la soie, la résine, le vin même, etc., le métayage a sa raison d'être : il ne disparaîtra pas. Il est une nécessité de localité, comme le dit fort bien M. Le Couteux.

---

(1) **Page 115.**

Mais ces conditions, particulières au Midi, sont étrangères aux domaines du Berry, où il ne s'agit que de faire de l'agriculture ordinaire, comme dans le Nord. Quant aux causes qui motivent encore le métayage dans nos provinces du Centre, elles tendent tous les jours à disparaître. Ce n'est plus qu'une question de temps. L'extension récente du fermage dans le Berry ne me laisse aucun doute à cet égard.

Cependant, quelles que soient les critiques que mérite le métayage, il peut rendre encore de bons services à l'agriculture, services limités, mais très-réels et qui ne sont pas à dédaigner.

Pour les hommes d'élite, en effet, l'instrument n'est qu'un agent secondaire de production. N'a-t-on pas vu des sculpteurs créer des chefs-d'œuvre avec un mauvais couteau? Pratiqué par des propriétaires intelligents, instruits, ayant une volonté inébranlable et une foi sincère dans leur mission, comme MM. Bignon et Damourette, le colonage partiaire donnera de bons résultats. Les exemples que nous avons sous les yeux dans le Berry sont décisifs.

Nous sommes donc dans une période de transition, dans une véritable crise et, par conséquent, forcés d'agir avec la plus grande prudence.

Nous avons à surmonter des obstacles sérieux et à vaincre des résistances opiniâtres. Déjà en 1837, j'avais entrevu ces difficultés dans une notice sur le concours régional de Châteauroux. Je disais alors : « C'est à introduire le bail à ferme en Brenne que tendent mes efforts ; *cette substitution des baux à ferme aux baux à moitié ne peut se faire qu'avec certaines précautions.*

» Les essais qui y ont été tentés sans succès m'ont convaincu que les fermiers étrangers ne peuvent encore y prospérer. Indépendamment de l'insalubrité du climat, ils trouvent des usages, une manière de vivre et de travailler différente de la leur. Ils ne connaissent pas les défauts de la terre qu'ils viennent cultiver et ils n'acquièrent cette connaissance qu'à leurs dépens. »

Le système d'exploitation adopté à Lancosme a un caractère mixte et de transition. Je ne l'ai pas inventé ; Arthur Young en est l'auteur (1). « Quant aux remèdes à apporter au métayage, écrivait-il en 1789, ils consistent à ce que le propriétaire reprenne sa terre jusqu'à ce qu'il l'ait améliorée pour l'affermer ensuite, et, s'il ne trouve pas de fermier avec du bétail, à prêter ce bétail, mais moyennant intérêt. »

---

(1) Tome II, page 206. — Édition de 1860. Guillaumin et Cᵉ, éditeurs.

Je conviens que cette modification est toute récente : elle reste dès lors soumise aux incertitudes qui attendent les innovations. C'est pourquoi je renonce à vous entretenir de ce que nous avons fait à Lancosme. On n'est pas bon juge dans sa propre cause. C'est toujours un tort, selon moi, dans des discussions de principes, de se citer soi-même comme un exemple à imiter.

Mais je me permets de vous faire une déclaration nette et catégorique, c'est que mes convictions, loin d'être ébranlées, se sont affermies : elles ont été confirmées par les faits dont j'ai été témoin, par les essais que j'ai tentés, par les échecs mêmes, je l'avoue franchement, que j'ai subis. Loin d'avoir été exclusif, j'ai fait appel à tous les systèmes avant de me décider. L'expérience m'a démontré, ici comme toujours, que l'idée la plus simple est la meilleure, et que les complications ne valent pas mieux en agriculture qu'en mécanique.

Est-ce à dire pour cela que vous deviez tous renoncer au métayage et le remplacer immédiatement par le fermage?

Non, Messieurs, je ne vous donnerai pas un conseil aussi dangereux. Sans doute, si nous étions tous en mesure d'affermer nos domaines à des cultivateurs aisés et éclairés, si nous avions sous la main des fermiers comme il y en a dans le Nord, il faudrait, sans hésitation, opérer cette substitution.

Mais, comme le faisait observer M. de Raynal dans son discours d'installation, où trouver ces fermiers dans le Berry, qui n'en fournit qu'un petit nombre? N'oublions pas ensuite que beaucoup de nos domaines attendent encore les améliorations foncières qui doivent précéder l'entrée des fermiers, car ceux-ci ne risqueront pas leurs modestes capitaux sans avoir la certitude de pouvoir vivre et de faire des économies.

Une substitution immédiate du fermage au métayage serait donc une révolution radicale, brusque, et, dans un pareil bouleversement, le progrès ne trouverait pas son compte, car il ne s'accomplit sûrement qu'avec lenteur, surtout en agriculture. Il a besoin d'être cimenté par le temps, ou bien ce n'est qu'un progrès éphémère que le moindre revers fait évanouir.

Mais alors, me dira-t-on, que faut-il faire?

Il ne m'appartient pas, Messieurs, de prendre l'attitude d'un professeur qui donne une leçon à des élèves; on pourrait, avec juste raison, me renvoyer à l'école des maîtres, si je m'aventurais à vous enseigner ce que vous savez mieux que moi.

Aussi aurais-je gardé un silence prudent, si la Société du Berry elle-même, dans le programme du concours, n'avait indiqué ce qu'il fallait faire :

Voici le passage auquel je fais allusion :

« La Société n'entend donner la préférence à aucun des modes d'exploitation du sol : soit le faire-valoir direct et par agents salariés, soit le fermage, soit la régie intéressée, soit le métayage; mais elle a pensé que, pour beaucoup de propriétaires qui voudraient s'occuper de l'amélioration de leurs terres et y consacrer un certain capital, sans se soumettre aux préoccupations, aux dépenses et aux périls du faire-valoir direct, le métayage pouvait offrir une utile ressource, produire des résultats profitables par la réunion du capital, de l'intelligence et du travail, entretenir, par la solidarité des intérêts, la confiance et l'affection réciproques du travailleur et du propriétaire, et *servir au moins de transition à un état de choses où la propriété rurale trouverait aisément, comme en des pays plus favorisés, des fermiers éclairés et disposant des capitaux nécessaires.* »

Je n'ai rien à ajouter, rien à retrancher à ces paroles si sages et si sensées. Elle renferment à elles seules un programme complet, résumant admirablement la situation et indiquant le but à atteindre.

Cette solution est aussi la mienne. Elle n'exclut aucun système d'une manière absolue : elle ne fait pas table rase de ce qui existe. Dans nos provinces du Centre, nous ne sommes pas libres encore d'avoir des préférences; mais nous sentons l'inexorable nécessité de marcher en avant; nous groupons toutes nos forces, tous nos moyens pour réparer les fautes commises depuis des siècles. En écrivant ces pages, j'ai donc voulu seconder vos efforts, Messieurs, et, persuadé que MM. Bignon et Damourette, dans leur enthousiasme pour le bon métayage, avaient dépassé le but en le proclamant supérieur à tous les autres modes d'exploitation du sol, j'ai voulu prémunir les propriétaires du Berry contre d'aussi dangereuses tendances.

Le *faire-valoir direct* avec des agriculteurs comme M. Masquelier, de Saint-Maur, comme M. Boüaut, secrétaire de la Société d'agriculture de Châteauroux, directeur de la ferme-école de l'Indre, etc.; le *métayage* avec des propriétaires comme MM. E. Bénard, Valette, Damourette, de Bondy, de Vogüé, Bignon, etc.; le *fermage* avec des fermiers comme les Parise, les Billan et tant d'autres dont il m'est impossible de vous redire les noms, toutes ces méthodes, en un mot, ne seront pas de trop pour introduire dans le Centre une agriculture digne de notre civilisation moderne.

Je ne suis pas exclusif, je le répète, dans le choix à faire parmi ces divers systèmes. Il est subordonné entièrement aux circonstances particulières dans lesquelles chacun se trouve, aux ressources dont on dispose, aux aptitudes personnelles. Tout est relatif en pareille matière, il n'y a pas de règle absolue.

Les uns iront vite, les autres lentement.

Les uns exploiteront eux-mêmes, les autres adopteront des mesures transitoires ou auront recours à des fermiers.

D'autres enfin utiliseront le métayage amélioré.

Chacun apportera sa pierre à l'édifice; chacune de ces pierres aura une forme différente; mais peu nous importe, pourvu que l'édifice de la prospérité agricole du Berry s'élève peu à peu sur des bases solides.

Le temps, qui est un grand maître, décidera ensuite entre le métayage et le fermage. Ayons donc un peu de patience, laissons-le faire; l'expérience, douloureuse quelquefois, mais utile toujours, nous enseignera la voie que nous devons suivre.

Quant à moi, j'ai pleine confiance dans l'avenir et je ne doute pas du succès de tous ces efforts réunis.

II

Réponse au Mémoire de M. Crombez, *dans la séance de juin,*
par M. L. Bignon.

Messieurs et honorés Collègues,

J'ai écouté et lu avec attention le long et remarquable travail que vous a soumis M. Crombez. En raison de mes occupations incessantes, je n'ai pu trouver que peu de temps pour y répondre; j'ai donc besoin de toute votre indulgence. Je me bornerai à quelques lignes aussi concises et aussi substantielles que possible.

La critique fort courtoise de M. Crombez ne me laissait pas prévoir la conclusion à laquelle elle aboutit. Il se montre d'abord l'adversaire très-déclaré du métayage; puis il adoucit ses griefs, et finit par reconnaître que, dans l'état actuel des choses, ce mode d'exploitation est utile au Berry, au moins à titre transitoire. Je m'empare avec reconnaissance de cette concession inattendue; elle me prouve que je ne me suis pas trompé dans mes appréciations quant au présent, et c'est déjà quelque chose.

Ce que M. Crombez ne veut pas admettre, c'est que, en principe et en fait, le métayage soit supérieur au fermage; son travail n'a d'autre but que de chercher à établir le contraire. Pour cela, il accable le métayage de sa sévérité, tandis qu'il exalte le fermage de son mieux.

Il nous dit que le fermage a fait la fortune de l'Angleterre, de la Hollande, de la Belgique et du Nord de la France. Un peu plus loin, il compare la situation des riches fermiers à celle de nos plus pauvres métayers, et n'a pas de peine à établir que le sort des premiers est préférable à celui des seconds. Ailleurs encore, il invoque les primes d'honneur décernées aux fermiers, pour démontrer que ceux-ci sont en avance sur les métayers qui n'ont pas encore obtenu de ces primes. Il constate que le métayage est le plus ancien mode d'exploitation connu, et que, s'il ne s'est point perfectionné pendant plusieurs siècles, c'est qu'il n'est pas perfectible. M. Crombez nous montre le métayer dans un état très-précaire, ayant des intérêts opposés à celui du maître, obligé de vivre au jour le jour, n'ayant pas le temps d'attendre, et il nous fait remarquer que ce métayer n'aura jamais aucune part dans l'augmentation de la valeur du capital. Il critique vivement la clause d'un bail que j'ai critiquée moi-même dans mon Mémoire, clause où il est dit que les preneurs fourniront au bailleur les œufs, volailles, légumes et beurre dont il aura besoin quand il sera au domaine, seul ou en compagnie; que les preneurs feront la cuisine et lui serviront de domestiques. M. Crombez prétend que, M. Damourette et moi, nous avons défini le métayage : *maître et serviteur.* Il affirme que la vente des terres soumises au métayage est difficile. Il déclare qu'avec le métayage les revenus sont incertains et les opérations compliquées. Enfin, M. Crombez pense et dit qu'en cas de décès du propriétaire intelligent d'une métairie améliorée, tout peut être compromis.

Voilà, si j'ai bien lu et bien résumé, les principaux arguments de M. Crombez contre l'institution du métayage.

Pour ce qui est du fermage, il n'a que des éloges à lui donner. Il lui attribue des prodiges; il nous le présente comme ayant enrichi plusieurs pays, comme enrichissant les cultivateurs, améliorant les terres, offrant aux propriétaires des revenus certains, leur ôtant tout souci de gestion, facilitant la vente des domaines et créant les relations les plus aimables entre les preneurs et les bailleurs. Dans son admiration pour le fermage, M. Crombez ne saurait admettre qu'il y ait des fermiers capables de ruiner leurs terres à fin de bail; il l'a entendu dire partout, mais il n'y croit pas; il tient ce bruit pour un préjugé.

Voici, Messieurs, ma réponse à tout ce qui précède :

Je veux bien croire que le fermage a fait la fortune de l'Angleterre; cependant l'affirmation me paraît un peu vague, et il serait peut-être plus juste de reconnaître que les mœurs ont été pour beaucoup dans cette fortune. En Angleterre, le petit propriétaire se fait volontiers fermier ou entrepreneur de culture, et ne craint pas d'engager dans l'entreprise tous ses capitaux. En France, le fermier qui a gagné quelque chose ne songe, au contraire, qu'à devenir propriétaire. — « Tandis qu'en France, a écrit M. Léonce de Lavergne, le travail des champs sert à payer le luxe des villes, en Angleterre, le travail des villes sert à payer le luxe des champs. Là se dépensent presque tous les trésors que le plus industrieux des peuples sait produire. Il en revient une bonne partie à la culture. » — « L'Anglais est moins sociable que le Français, dit le même auteur; il a toujours en lui quelque chose des sauvages dont il est descendu; il répugne à s'enfermer dans les murs des villes, et le grand air est son élément naturel. »

Il faut reconnaître aussi que les Anglais ont de l'initiative, qu'ils n'attendent pas le conseil ou l'intervention de l'autorité pour agir; que leurs fermiers sont instruits, qu'ils se tiennent au courant de tout ce que l'on écrit sur eux et pour eux, qu'ils ont des réunions où l'on discute et où les connaissances acquises se communiquent de l'un à l'autre.

Voilà, plutôt que le fermage, les vraies causes de la prospérité de l'Angleterre.

Quant à la fortune de la Hollande, on l'attribue plus au commerce qu'au fermage; mais je veux bien admettre qu'on se trompe. Il n'en reste pas moins positif que le fermage le plus riche de la Hollande, celui de Groningue, ne doit pas être l'institution qui fait l'admiration de M. Crombez. De l'aveu de tous les économistes du pays, le succès exceptionnel de ce mode de fermage tient à un droit spécial qu'on nomme *beklem-regt*, droit qui consiste à exploiter un domaine moyennant une rente annuelle que le propriétaire ne peut jamais augmenter. — « Ce droit, rapporte M. Émile de Laveleye, dans ses *Études d'économie rurale sur la Néerlande*, passe aux héritiers aussi bien en ligne collatérale qu'en ligne directe. Le tenancier, le *beklemde meyer*, peut le léguer par testament, le vendre, le louer, le donner même en hypothèque sans le consentement du propriétaire; mais chaque fois que le droit change de main, par héritage ou par vente, il faut payer au propriétaire la valeur d'une ou de deux années de fermage. Les bâtiments qui garnissent le fonds appartiennent d'ordinaire au tenancier, qui peut réclamer le prix des matériaux si son droit vient à s'éteindre. C'est celui-ci qui paie toutes les contributions; il ne peut changer la forme de la propriété, ni en déprécier la valeur. Le *beklemregt* est indivisible : il ne repose jamais que sur la tête d'une seule personne, de sorte qu'un seul des héritiers doit le prendre dans son lot. »

Tel est le mode de fermage usité dans la plus riche contrée de la Hollande. Est-ce bien celui-là que M. Crombez entend préconiser? Nous en doutons.

Dans ce riche pays de Hollande que M. Crombez nous oppose, le métayage n'est pas tout à fait inconnu. Il existe dans une contrée, au moins pour la culture des céréales, et l'on se garde bien d'en dire tout le mal qu'en pense M. Crombez. « On s'étonne, écrit encore M. É. de Laveleye, un des compatriotes de M. Crombez, on s'étonne que le bail à ferme ordinaire ne remplace pas le métayage, qui exige une plus grande surveillance, d'abord pour prendre note de l'étendue consacrée à chaque récolte, ensuite pour envoyer un ouvrier battre les céréales en grange et opérer le partage. Deux raisons le font maintenir : d'une part, il assure au propriétaire un revenu plus grand qu'il ne pourrait obtenir par la location ordinaire, et, d'autre part, le cultivateur aime mieux que le possesseur du sol soit associé à ses chances de bonne et de mauvaise récolte, plutôt que d'être tenu à payer une somme fixe, quoi qu'il arrive. »

On voit par là que le métayage a du bon, même en Hollande, où ceux qui pourraient se faire fermiers veulent rester métayers.

Quant à la Belgique, qu'on nous permette de rapporter ce que nous en avons appris. Je ne connais pas assez ce pays; mais on m'a dit que, si le fermage enrichit parfois les propriétaires, il ruine fréquemment les fermiers, et c'est parce que ceux-ci n'y tiennent plus qu'ils s'en vont du Hainaut et des provinces de Namur et de Liège, pour défricher les bruyères du Luxembourg belge et nos brandes du Berry, où ils ne réussissent pas toujours. On m'a dit aussi que la richesse des Flandres est plus apparente que réelle ; que les fermiers y manquent de capitaux, d'instruction, d'initiative, et que, s'ils ne se déplacent pas, c'est que leur idiome s'y oppose.

Et ce que l'on m'a dit se trouve confirmé par M. de Laveleye, dans son essai sur l'*Économie rurale de la Belgique*. Je n'ai pas ce livre sous les yeux, mais j'en parle d'après le rapport qu'en a fait M. Léonce de Lavergne à l'Institut de France. Voici ce qu'il dit des Flandres belges, pays de fermage, où la production semble avoir atteint les dernières limites du possible : « Malheureusement, la condition des hommes laborieux qui ont amené l'agriculture à un si haut point de perfection, n'est point en rapport avec la masse de produits qu'ils récoltent. L'ouvrier agricole des Flandres est peut-être celui de tous les ouvriers européens qui, travaillant le plus, est le plus mal nourri. Le petit fermier ne vit guère mieux. » Un peu plus loin, M. Léonce de Lavergne, parlant de l'Ardenne, qui est le pays des brandes de la Belgique, dit encore ceci : « Dans cette contrée stérile, les populations rurales jouissent d'une aisance beaucoup plus grande que dans les belles campagnes des Flandres, si admirablement cultivées. »

Il n'y a pas là, il faut en convenir, de quoi nous rendre jaloux des riches pays de fermage.

M. Crombez oppose encore aux partisans du métayage le splendide tableau des cultures du département du Nord, le pays du fermage par excellence. Ne nous payons pas d'apparences et voyons un peu ce que sont les fermiers du Nord. J'ai là-dessus des renseignements précieux que je dois à un ami, et qui ont été puisés à très-bonne source.

Il y est dit qu'en faisant bail le propriétaire se réserve ordinairement une demi-année de pot-de-vin, et qu'il y a aussi des réserves de corvées en chevaux et voitures, de poulets, d'œufs, etc., tout comme dans nos pays à métayage, ce qui ne s'accorde guère avec l'indépendance et la fierté qu'on exalte tant chez les fermiers. Ainsi, même dans le Nord, les fermiers sont un peu les serviteurs des propriétaires, et les coutumes du vasselage ne sont pas tout à fait mortes. C'est un des griefs de M. Crombez contre le métayage ; dois-je, à mon tour, en faire un grief contre le fermage ? Assurément non. Ce n'est pas sur de petites choses, faciles à supprimer et dont je sollicite la suppression, qu'on doit juger des institutions sérieuses. Ce qui me frappe dans le fermage du Nord, c'est qu'il ne peut pas se suffire ; c'est qu'il est forcé de chercher ses serviteurs à gages en Belgique ; c'est que, s'il ne trouvait pas, dans le Hainaut et la Flandre belge, des brigades d'ouvriers pour sarcler, récolter les betteraves, cultiver le lin, le colza, faner, moissonner, arracher les pommes de terre, il serait dans le plus grand embarras. Avec le fermage du Nord, la famille agricole n'existe plus ; il faut tendre la main à l'étranger. Avec le métayage, la famille agricole existe toujours. Ce qui me frappe encore dans ce fermage-modèle du Nord, c'est ce qu'on rapporte dans un travail présenté dernièrement au Comice agricole de Lille, et d'où il résulte que, pour que les fermiers ne soient pas en perte dans ce riche arrondissement, il faut qu'ils récoltent en moyenne 25 hectolitres de blé à l'hectare à 20 francs l'hectolitre; 3,600 kilogrammes de paille à 5 centimes le kilogramme; 50,000 kilogrammes de betteraves à l'hectare et au prix de 20 francs les 1,000 kilogrammes; qu'ils dépensent sur une ferme de 18 hectares 4,650 francs à entretenir neuf bonnes vaches, qui leur rapporteront 4,850 francs; ou, en d'autres termes, un excédant de 200 francs, dont il y aura à déduire les saillies manquées, les avortements, les parts difficiles, etc. Il est évident, d'après cela, qu'un fermier, dans le département du Nord, a fort peu de chances de devenir riche et de vivre rentier sur ses vieux jours. Aussi nous affirme-t-on que la plupart sont dans la gêne. Quelques-uns en accusent le libre échange, l'augmentation du prix de location surtout, c'est-à-dire les exigences des propriétaires fonciers qui, pour ne pas se laisser trop éclipser par les industriels et continuer à tenir leur ancien rang en présence des hauts prix de toutes choses, sont obligés d'augmenter les fermages. On en accuse aussi la rage de la concurrence entre fermiers *non industriels* qui se présentent en masse pour louer une ferme, « sauf à n'avoir ensuite pour tout résultat, lisons-nous dans une lettre particulière, que du pain sec à manger, de l'eau à boire et l'hôpital, où il y en a. »

Cette condition des petits fermiers dans le Nord, on en conviendra, n'est pas faite non plus pour nous faire abandonner notre système d'amélioration sur le Centre.

On ne trouve pas, dans ce tableau d'un riche pays de production, de quoi faire envie aux propriétaires et aux métayers du Centre; mais enfin je n'entends pas faire le procès au fermage. J'admets qu'il a eu ses beaux jours, alors qu'on lui faisait les conditions faciles; mais je ne peux m'empêcher de reconnaître que sa situation devient mauvaise à mesure que nous avançons, à mesure que les besoins des propriétaires deviennent plus difficiles à satisfaire.

M. Crombez m'a entraîné, d'ailleurs, plus loin que je ne voulais aller. Je n'ai pas à m'occuper des modes d'exploitation dans toute la France et à l'étranger; je n'ai à voir ici que le centre de la France, et je maintiens que le métayage y rendra plus de services que le fermage ordinaire.

Je n'accepterai pas une comparaison entre de riches fermiers et de pauvres métayers; le triomphe devient trop facile. C'est entre le fermage et le métayage amélioré que le parallèle est acceptable.

Les primes d'honneur ne prouvent rien contre les métayers. On sait que les concurrents pour ces primes font d'ordinaire des sacrifices considérables, et que les petites exploitations, même les mieux tenues, se gardent bien d'entrer en lutte avec les grands domaines.

De ce que le métayage n'a fait aucun progrès sensible pendant des centaines d'années, M. Crombez a tort de conclure qu'il n'est pas perfectible. Est-ce que les siècles ne nous ont pas transmis l'ignorance, la misère, la servitude des classes laborieuses? Faut-il en conclure aussi que ces classes ne sont pas perfectibles?

Le métayer besoigneux que nous montre M. Crombez existe certainement : c'est celui du vieux temps, non celui que j'ai offert pour modèle. Mais ce que je ne puis comprendre avec l'un comme avec l'autre, c'est que mon honorable contradicteur met ses intérêts en contradiction avec ceux du propriétaire du sol. Les véritables intérêts du métayer se confondent toujours avec ceux du propriétaire en question. M. Crombez, il est vrai, se plaint de ce que le métayer n'a aucun espoir de prélever, à titre d'associé, une part dans la plus-value du sol. C'est là une question que je n'ai pas abordée, qui vaut la peine d'être examinée cependant; mais pour aujourd'hui je me borne à faire observer que le fermier ne profite pas plus de la plus-value du sol que le métayer, et que, le jour où l'on fera bénéficier le fermier sous ce rapport, rien ne s'opposera à ce que l'on en fasse également bénéficier le métayer.

M. Crombez, dans son parallèle entre le fermier et le métayer, nous montre toujours le premier dans l'aisance et maître de ses opérations, tandis que le second, serré par des besoins permanents, n'aurait jamais le temps d'attendre. A voir ce qui se passe autour de nous, on ne s'en douterait guère. La plupart des fermiers crient misère, parlent de résiliation et ont sollicité l'enquête. Les métayers, au contraire, n'ont pas sollicité d'enquête; ils ont traversé la crise en faisant bonne contenance.

M. Crombez, entre autres arguments contre le métayage, nous dit qu'il n'a jamais rencontré de cultivateurs qui aient demandé à devenir métayers après avoir été fermiers; mais qu'il en a vu plusieurs enchantés de cesser d'être métayers, quelques-uns même pour se faire simples journaliers. Sans chercher de ces fermiers devenus métayers, j'ai été plus heureux que M. Crombez : j'en ai trois chez moi, et aucun d'eux n'a été poussé par la misère à prendre cette détermination. Si quelques autres exemples étaient nécessaires, je citerais M. Cordhomme, près de Rouen, qui a substitué le métayage au fermage ; M. Corderoy, maire de Millac (Vienne), qui a fait, dans le canton de l'Ile-Jourdain, un retour au métayage, c'est-à-dire la substitution du métayage au fermage, ce qui m'étonne d'autant moins que, dans ce même département, M. Opter, banquier à Montmorillon, a mis en culture des bruyères de compte à demi avec un colon qui ne possédait rien il y a vingt-cinq ans, et qui aujourd'hui possède plus de 100,000 francs à la Chérie, commune de Moulismes. Ce résultat, on le voit, n'est pas trop ingrat de la part du métayage.

Il ne sera peut-être pas hors de propos de faire remarquer à M. Crombez que, dans la haute Bourgogne, où mes affaires m'appellent de temps en temps et qui est un pays de fermage, j'ai appris que c'est au métayage qu'on doit les nombreuses plantations de vignes communes qui ont enrichi les cultivateurs. Sans la culture à moitié fruits, les propriétaires n'auraient rien planté, faute de main-d'œuvre assurée, et les fermiers n'auraient rien planté non plus, faute de terrain et d'avances indispensables. Le métayage leur a facilité la besogne et procuré de jolis bénéfices.

C'est le cas encore de placer ici les observations de M. Le Couteux (*Journal d'Agriculture pratique* du 20 novembre 1866) :

« Nous suivons, dit-il, avec la plus grande attention le mouvement agricole dans le Midi, et, par la force des choses, nous trouvons souvent le métayage sur notre chemin ; grande a été notre joie ces jours derniers, lorsque la lecture du rapport de M. Coignet, à la Société d'Agriculture de la Dordogne, nous a appris que cette Société a décerné sa prime d'honneur de 1866 à MM. Vallade frères, qui, appropriant leur culture à la situation générale du pays, ont amélioré leur exploitation *au moyen du métayage*. M. Coignet donne à ce sujet des chiffres significatifs. Le domaine de Châtenet, dit-il, a produit à ses propriétaires, pour leur part, en profits de bestiaux et en récoltes, calculés par *année moyenne*, de cinq ans en cinq ans, de 1846 à 1865, les sommes suivantes :

Profit des bestiaux	869 30 —	1,052 40 —	1,147 50 — 1,633 30
Prix des récoltes	607 20 —	1,074 90 —	1,227 75 — 1,238 80
Totaux. . . .	1,476 50 —	2,127 30 —	2,375 25 — 2,872 10

Donc, en vingt années, voilà un métayage qui double ses produits et cela sans grandes immobilisations de capital et presque seulement par l'extension de fourrages bien appropriés au sol. Nous ne nous étonnons pas de ces résultats, car nous connaissons plus d'un grand domaine où les propriétaires font un magnifique placement de leur argent en l'appliquant à l'accroissement du bétail. Le métayer excelle dans ce genre d'industrie. Profiter de cette aptitude, c'est le grand secret des améliorations rurales par le métayage. »

Le métayage n'est pas seulement le meilleur mode d'exploitation dans les régions de la vigne, du maïs et de l'olivier, il l'est encore dans les pays de brandes, de défriches récentes, de terres à bon marché, où l'on rencontre de grands domaines et des populations pauvres ou peu aisées. Dans ces pays-là, on n'est presque jamais assez riche pour devenir un bon fermier, tandis qu'on n'est jamais trop pauvre pour faire un bon métayer. Je prends la liberté d'ajouter, ou plutôt de répéter que, dans les pays de fermage, quiconque n'a rien en propre est forcé de se faire journalier ou domestique ; tandis que, dans les pays de métayage, les plus pauvres gens peuvent devenir les associés des plus riches et maintenir chez eux la vie de famille. Est fermier qui le peut, est métayer qui le veut ; or, la différence vaut la peine d'être remarquée.

Je n'ai pas à m'expliquer de nouveau sur la critique d'une clause retardataire tirée d'un contrat, progressif d'ailleurs, ni à me justifier du reproche de ne voir dans le métayage qu'*un maître et un serviteur*.

Je vois deux associés, dont l'un prend la direction de l'entreprise, en attendant que l'autre offre assez de garantie d'intelligence pour l'en dispenser. Je ne veux pas que le propriétaire se fasse la part du lion pour les profits ; je lui réserve seulement la plus forte part des charges, les plus grandes préoccupations, en souhaitant que le métayer puisse l'en délivrer bien vite. C'est le cas de reproduire ici un extrait de mes Conventions avec les colons :

1° Suppression de toute redevance ou double fermage déguisé sous le titre d'impôt, autre que celui que paie réellement la propriété à l'État. Cette suppression est faite afin de créer chez le colon le bien-être et les ressources nécessaires à un plus grand nombre de travailleurs ; elle provoque ainsi le développement des richesses du sol et l'augmentation des produits.

2° Le colon devra occuper, en toute saison, au moins six hommes capables d'exécuter les gros ouvrages.

3° Le travail ainsi que les cultures à faire seront raisonnés, chaque saison, entre le colon et le propriétaire ; une fois fixés et arrêtés, il n'y sera rien changé sans le consentement des deux parties.

4° Le propriétaire fournira et paiera la valeur de la chaux prise au four, et le colon en fera le transport. Les fumiers, engrais, noir animal, se paient par moitié, sauf conventions contraires pour des cas spéciaux. Le propriétaire supporte seul les frais d'engrais dans la création des prairies permanentes. Lorsque ces prairies ont réussi, il alloue au colon 50 francs par hectare à titre d'encouragement.

5° Les produits sont partagés par moitié entre les deux parties.

6° Les profits ou la perte sur les animaux se partagent également.

7° Pour les travaux extraordinaires, tels que drainage, etc., ils ne se font qu'après avoir été décidés par les deux intéressés, qui fixent, chaque fois, dans quelles proportions chacun doit y contribuer.

8° M. Bignon se réserve expressément la direction et la surveillance du travail.

Est-ce là un contrat qui établit une situation de serviteur à maître? J'en appelle à M. Crombez.

En ce qui concerne la vente des terres soumises au métayage, j'ai l'honneur d'affirmer à M. Crombez que cette vente devient de jour en jour plus facile; que le prix des métairies augmente, tandis que celui des fermes diminue ou tend à diminuer.

Avec le métayage, les revenus sont variables au lieu d'être fixes, mais le paiement est certain. On ne pourrait pas en dire autant des revenus de la ferme, si l'on en juge par les doléances des propriétaires, qui se plaignent si fréquemment de termes qui ne rentrent pas.

M. Crombez se préoccupe beaucoup de ce que peut devenir, après le décès du propriétaire-directeur, une métairie améliorée par ses soins. — Pour mon compte, je n'ai aucune inquiétude à cet endroit. Le difficile n'est pas de continuer une besogne bien commencée, c'est de la bien commencer. Après cela, les imitateurs ne manquent jamais.

Je ne cherche point à rabaisser le fermage, je me borne à lui préférer le métayage et à conseiller ce mode d'exploitation, comme étant le plus équitable à mon avis et le mieux approprié à nos départements du Centre. Les fermiers dont nous a entretenus M. Crombez sont des modèles à peu près introuvables chez nous; il nous les montre riches, heureux, indépendants, payant à l'échéance, rendant les terres améliorées au lieu de les rendre épuisées, vivant toujours dans la meilleure intelligence avec les propriétaires, allant de pair avec eux, ne leur cédant point le haut du pavé. C'est charmant, et nous

nous promettons bien de leur faire une visite sur l'aimable invitation de M. Crombez. Dans nos pays du Centre et dans d'autres encore, nous ne soupçonnons pas l'existence de fermiers aussi accomplis. Les nôtres n'ont pas de capitaux suffisants; ils se désolent plus souvent qu'ils ne se réjouissent; ils ne passent pas pour être, d'ordinaire, les amis les plus intimes des propriétaires. On en connaît beaucoup qui sont en retard d'un certain nombre de termes; on en connaît beaucoup aussi qui, faute du bétail nécessaire, et d'engrais par conséquent, fument mal et ruinent l'exploitation.

Dans la crise agricole qu'on dit que nous traversons, ce sont nos fermiers qui souffrent le plus et nos métayers qui souffrent le moins.

Les fermiers riches ne veulent que de riches terres et de grandes exploitations. Les fermiers sans avances ne sauraient nous rendre aucun service; ceux-là ne manquent pas et se font une rude concurrence. Si on leur laissait la liberté d'action dont jouissent les fermiers de M. Crombez, bon nombre vendraient partie de leurs pailles et de leurs fourrages pour se faire de l'argent. Le métayage ne nous présente pas cet inconvénient.

Il est à remarquer, en outre, que les fermiers doivent s'en aller avec la grosse propriété, et que la grosse propriété s'en va.

Les métayers sont plus modestes et s'accommodent aussi bien des petits domaines que des grandes exploitations. Vous remarquerez de plus, Messieurs, que le fermage le plus satisfaisant déshabitue le propriétaire des occupations rurales; tandis que le métayage le force, très-heureusement, à en prendre souci; autre avantage qui n'est pas à dédaigner non plus.

Le métayage, enfin, offre tout autant de garantie à l'indépendance et à la dignité de l'homme que peut en offrir le fermage. Par l'association, l'homme qui était simple garçon de ferme ou domestique peut devenir métayer. Alors il se sent bien plus à l'aise comme homme, et bien plus heureux comme chef de la famille, qu'il a la satisfaction de voir groupée constamment autour de lui, et dont il peut diriger les forces utiles; ce qu'il ne pouvait faire lorsqu'il était domestique ou simple journalier chez les autres.

J'ai beau chercher quel mode de travail, dans nos temps modernes, pourrait offrir au propriétaire de meilleures conditions que le métayage, à la société plus de garanties de sécurité et de progrès, et à l'ouvrier plus de chances de prospérer dignement; je n'en trouve aucun.

M. Crombez m'a certainement intéressé, mais j'ai le regret de lui déclarer qu'il ne m'a pas convaincu.

III

Discussion sur la question du métayage.

A l'occasion de la question du métayage, mise au concours par la Société, des discussions ou conversations ont eu lieu à plusieurs reprises. Elles ont été recueillies dans nos procès-verbaux, et nous pensons qu'il ne sera pas sans utilité d'en présenter une analyse.

A la suite de la distribution des médailles d'or décernées à MM. Bignon et Damourette, le président, M. de Raynal, invita M. Bignon à donner quelques renseignements sur les cultures qu'il a établies dans sa propriété de Theneuille, département de l'Allier.

M. *Bignon*, par des circonstances particulières, ayant momentanément quitté les affaires, acheta dans son pays une propriété importante. Il y trouva la situation agricole telle qu'elle existait vingt ans auparavant, tandis que des progrès s'accomplissaient de toutes parts. Il essaya d'abord de s'assurer un revenu par le fermage, et n'y réussit pas. Il eut recours au métayage, en réservant une partie de sa propriété pour la faire valoir lui-même. Ce faire-valoir absorba un capital hors de proportion avec les résultats. Enfin, après un examen attentif des éléments de travail et de transformation, il se fixa au métayage, en cherchant à faire disparaître ses causes d'infériorité. Cette infériorité, il la trouva, en premier lieu, dans les clauses du contrat qui mettaient en opposition les intérêts du colon avec les améliorations agricoles. Il fut confirmé dans cette opinion par le fait suivant :

« Un jour, dit-il, que je faisais observer à un colon qu'il y aurait avantage à transformer un pâturage, donnant des produits insignifiants, en prairies fauchables, et que l'opération serait peu coûteuse, il me répondit qu'il le savait bien, mais que, s'il amenait le domaine à produire 50,000 de fourrage au lieu de 25,000, le propriétaire ne manquerait pas d'exiger de lui une redevance plus forte au bout des conventions. »

La réponse devint pour M. Bignon un trait de lumière. Il comprit qu'il fallait offrir au preneur plus de sécurité. Il supprima ce que, dans le Bourbonnais, on appelle l'*impôt*, c'est-à-dire la redevance payable en argent, et qui est toujours proportionnée au rendement du domaine. Cette suppression causa une grande joie aux colons; mais elle ne leur inspira pas la confiance que l'on pouvait supposer, attendu qu'elle n'était pas accompagnée d'un bail suffisant, auquel l'intention de M. Bignon n'était pas de consentir, pour le moment du moins. Il voulait d'abord créer chez le colon des forces dont il se réserverait la direction.

Après avoir modifié le contrat, il s'agissait d'introduire des modifications dans les habitudes culturales. C'était là une chose difficile. Il fallait avancer sans froisser, et n'imposer son autorité qu'après avoir épuisé tous les raisonnements. Il dut payer d'exemple, et, à cet effet, il se réserva de petites parties de terrain sur lesquelles il se livrait, sans sortir des conditions de dépenses ordinaires, à des essais qui devaient convaincre les colons. Leur conversion ne fut ni facile ni prompte, car ils n'admettaient pas qu'un homme étranger aux travaux de la terre vint leur conseiller le défrichement des bruyères pour arriver à produire du froment et du trèfle, pas plus qu'ils n'admettaient la possibilité d'introduire dans leurs terres, même les mieux choisies, des betteraves, carottes et autres plantes fourragères, que jusque-là ils n'avaient vues que dans leurs jardins.

Cependant les résultats une fois acquis inspirèrent de la confiance, et les autres améliorations offrirent moins de difficultés. Les colons consentirent à employer la chaux, à fabriquer des composts, à aider à l'assainissement des terres par le drainage, à la création des prairies, etc. Pour cette dernière opération, M. Bignon leur allouait 50 francs par hectare, à titre d'encouragement, afin que les cultures préparatoires fussent faites comme il l'entendait ; de plus, dans certains cas, il fournissait la chaux et le fumier nécessaires. Par ces moyens, il put transformer plus de 50 hectares de leurs terres ordinaires en prairies permanentes de bonne qualité. Toutes les bruyères furent retournées par un labour d'hiver, hersées en long pendant l'été ; elles reçurent en automne un ensemencement de seigle, praliné à la quantité de 2 hectolitres de noir animal pour 1 hectolitre de grain. Après la deuxième récolte, ces terrains furent chaulés, puis semés en froment et en trèfle. La terre alors, parfaitement ameublie, amendée et non épuisée, donna de très-belles récoltes. Pour juger de la valeur de l'opération relativement aux prairies, il suffit de dire que les terrains de culture, sur la localité, valent de 500 francs à 1,000 francs l'hectare, tandis que, transformés en prairies, ils se vendent 2,000 à 3,000 francs au minimum.

En même temps que ces transformations se développaient, le bien-être intérieur augmentait, et par suite la moralité y gagnait. Il convenait de seconder cette moralisation, qui prime toutes les autres améliorations, par une disposition plus commode du logis et par l'instruction des enfants, après avoir agi sur les pères par l'exemple et les bons conseils. La dignité de l'homme semblait revenir avec

l'aisance. Les façons étaient moins rampantes; les termes qui expri-
maient les rapports entre le propriétaire et le colon se modifiaient.
« Si nous sommes encore en présence de cultivateurs incomplets,
ajoute M. Bignon, on est au moins autorisé à mieux augurer des
générations futures. »

En somme, d'après M. Bignon, la transformation de l'ancien métayage, telle qu'elle peut être comprise et pratiquée, offre aux propriétaires des avantages incontestables. Pour en fournir la preuve,
on peut montrer des métairies qui, étant dans les plus mauvaises conditions, couvertes de bruyères, de broussailles marécageuses, ravinées,
dépourvues et éloignées de l'élément calcaire, ayant peu de cheptels
et peu de fourrages, des constructions en lambeaux, ont pu être
assainies, défrichées, chaulées, reconstruites, mises dans un état
satisfaisant de culture, produisant froment et fourrage en abondance,
et ayant des cheptels avec lesquels les colons ne craignent pas de
se présenter aux comices agricoles et même aux concours régionaux.
L'opération financière, avec cela, est bonne, car le capital d'amélioration engagé représente tout au plus le tiers du capital foncier.

On peut ajouter que, dans beaucoup de métairies, l'augmentation
des produits s'accuse dans les proportions de 1 à 4, et ainsi graduel-
lement jusqu'à 20 et plus. N'est-ce pas là l'intérêt bien compris du
colon et du propriétaire? Et cela peut s'obtenir par un mode de
culture dédaigné et décrié! « On peut se consoler, s'écrie M. Bignon,
d'avoir en France plus de 7 millions d'hectares de bruyères attendant leur mise en culture, puisque nous avons à côté cette institution du métayage avec ses millions de bras qui n'attendent que des
conditions équitables et une meilleure direction! Le métayage est
l'élément naturel de cette transformation: c'est par lui et avec lui
qu'elle peut se faire économiquement dans l'intérêt des classes agricoles comme dans l'intérêt de la propriété. »

M. Bignon, répondant à quelques observations de M. de Raynal
concernant les effets d'épuisement signalés sur des terrains chaulés,
croit que ces inconvénients doivent résulter du mauvais emploi de la
chaux. La première précaution à prendre est de ne pas l'exposer dé-
couverte trop longtemps aux influences atmosphériques. La quantité
de chaux à donner à un terrain doit être proportionnée à la nature
et à la profondeur de la couche végétale. M. Bignon emploie, dans les
terres argileuses, comme moyenne, 160 hectolitres par hectare; dans
les terres plus légères, la quantité varie de 80 à 100 hectolitres. Ces
quantités doivent aussi être modifiées suivant l'état de la culture,
dans les terrains neufs, où il se trouve une plus grande propor-

tion d'éléments à transformer, il en faut davantage. Dans tous les cas, il y a un grand avantage à renouveler l'amendement au bout de la cinquième année, non plus avec de la chaux pure, mais avec des composts calcaires, où la chaux vive entre habituellement pour un dixième. Il suffit d'appliquer ainsi cette fumure, qui est très-économique, puisqu'elle ne coûte guère au propriétaire pour l'établir, par mètre cube, qu'un hectolitre de chaux, dont le prix varie, suivant la localité, de 1 franc à 1 fr. 50 c., en admettant qu'il la fournisse gratuitement au colon. Celui-ci participera aux dépenses par la main-d'œuvre et par les soins qu'il ne manquera pas de prendre à fabriquer beaucoup de composts, du moment où il n'aura rien à rembourser pour l'acquisition de la chaux. Dans plusieurs métairies déjà il se fabrique des composts dans ces conditions et en proportions considérables; plusieurs en ont jusqu'à 200 mètres cubes et plus, c'est-à-dire le double du volume des fumiers ordinaires de la ferme. C'est là une excellente opération dans l'intérêt de la production et du bon entretien des terres.

Sur les sols légers, surtout argilo-siliceux, les composts ont une valeur supérieure. Leur force de production peut être estimée à une fois et demie de plus que les fumiers de ferme ordinaire. Les terrains entretenus ainsi n'ont rien à craindre de l'épuisement, et ne se refuseront pas, comme on le prétend, à la reproduction des trèfles, surtout si l'on a soin de mélanger cette semence avec 2/5 de graines de ray-grass, et de ne renouveler cette culture que tous les cinq ans. Des terrains traités ainsi, depuis dix-sept ans, n'ont donné aucun signe de fatigue; au contraire, les trèfles sont tous aussi vigoureux que ceux qui ont été produits pour la première fois. Partout où des résultats contraires ont été observés, en Anjou ou ailleurs, c'est évidemment qu'il y a une tendance, malheureusement trop générale, chez 'es colons et même chez les propriétaires, à vouloir rentrer beaucoup trop vite dans les avances qu'ils ont faites à la terre et à confondre un amendement avec un engrais. La chaux, loin de ménager le fumier, aide le sol à le transformer et à se l'approprier. Il en résulte, pour une bonne culture, la nécessité d'une augmentation plutôt qu'une diminution de sa quantité. En opérant différemment il y a abus, et c'est au compte de cet abus qu'il faut porter la cause du mal qui a été signalé. Dans la croyance bien arrêtée de M. Bignon, la chaux est non-seulement l'élément nécessaire à tous les terrains qui ne sont pas naturellement calcaires, mais elle est aussi l'élément indispensable d'une bonne et durable culture.

Dans la séance où M. Crombez a lu son mémoire, et à la suite de la réponse de M. Bignon, des conversations se sont encore engagées sur la question du métayage.

M. *Balsan père* a objecté que le métayage ne pouvait convenir qu'à un propriétaire résidant sur les lieux, et que, s'il en est éloigné, il est obligé d'avoir un *alter ego*, qui absorbe son revenu. — MM. *de Raynal* et *Valette* ont répondu par leur propre exemple. Un simple garde, généralement nécessaire pour une propriété d'une certaine étendue, un maître ouvrier dont les gages ne s'élèvent pas au delà de 600 francs, peuvent correspondre avec le propriétaire, tenir les comptes, faire exercer les cultures convenues et opérer le partage des fruits.

M *Barral*, en sa qualité de directeur du *Journal d'agriculture pratique,* est informé de ce qui se passe dans les différents pays. Il en est où le fermage est très-arriéré et où il a été loin d'amener la richesse ; il n'est donc pas partout un signe de progrès. Il est difficile de changer des habitudes séculaires ; chaque localité conserve les siennes ; l'essentiel est de les améliorer ; le progrès peut avoir lieu sous les formes les plus variées. Le métayage n'est pas partout décrié, car il sait qu'en Lorraine, par exemple, on remplace, en beaucoup d'endroits, le fermage par le métayage.

M. *Bignon*, toujours grand partisan du métayage, lui attribue les plus grands avantages. Il transforme le travailleur comme il transforme la terre. Il force le propriétaire à s'occuper du sol et à l'améliorer, ce qui partout est on ne peut plus désirable. Les rapports du propriétaire et du métayer deviennent obligatoires, et, s'ils s'entendent bien, ils s'enrichissent en même temps. La valeur des terres monte vite de 600 à 1,200 et 1,400 francs l'hectare. C'est par le système du métayage que, dans l'Ouest comme dans le Centre, les propriétés se sont améliorées et ont plus que doublé de prix. Dans les pays de fermage, on se plaint de la crise agricole ; il n'en est pas de même dans les contrées à métayage ; l'enquête prouvera que nos métayers ont traversé cette crise sans secousse. Ils n'ont jamais fourni de sujets à l'émigration en Amérique et se trouvent heureux dans les domaines qu'ils cultivent, souvent depuis de nombreuses générations. Ils deviennent à leur tour propriétaires , et, chose remarquable, on les voit alors prendre des métayers.

M. *de Raynal, président*, résume la discussion en disant, comme M. Barral, que tous les modes peuvent être bons, s'ils sont bien employés ; qu'en ce qui concerne le Berry, il n'y a pas lieu à rechercher le fermage, puisque le métayage bien appliqué peut profiter davantage au propriétaire, en ce sens qu'il recueille, pour lui-même et son colon ou associé, les avantages qu'il peut accorder à un fermier; que, d'ailleurs, les bons fermiers sont rares, et que l'on n'a pas toujours à se louer de ceux qui quittent leur pays dans l'espérance de trouver de meilleures affaires en Berry.

A la fin de la dernière séance, une discussion s'est engagée sur les Sociétés de secours mutuels. M. *Bignon* trouvait que les chefs d'industrie avaient tort de n'admettre que les ouvriers prévoyants et économes. Selon lui, on devrait surtout chercher le moyen d'assurer, par l'épargne, le pain des vieux jours à ceux qui manquent de prévoyance, et qui, sans cela, finissent par tomber à la charge de la société. — Cette proposition, qui n'a pas été combattue, a donné lieu à diverses réflexions : M. *de Raynal* a été d'avis de laisser toute liberté aux ouvriers qui s'associent, et MM. *Balsan*, racontant ce qui se passe dans leur manufacture, ont fait remarquer que leurs ouvriers paraissaient s'attacher d'autant plus à leur institution que les patrons s'abstiennent de s'en mêler.

IV.

Dernières observations sur le fermage et sur le métayage,
en réponse à M. Bignon, *par* M. Louis Crombez.

Dès le début de sa réplique, M. Bignon nous annonce qu'en raison de ses occupations incessantes, il n'a pu trouver que peu de temps pour me répondre. Je m'en suis aperçu, et, à vrai dire, je ne considère pas et personne ne considérera son nouveau travail comme renfermant une réfutation de mon étude comparative sur le fermage et sur le métayage.

On y remarque des affirmations plus ou moins hasardées, des généralités plus ou moins justes, mais on y cherchera en vain une discussion quelconque de la plupart des objections que j'ai soulevées, et quant aux preuves elles font absolument défaut.

C'est ce que j'établirai en suivant M. Bignon pas à pas dans son nouveau plaidoyer en faveur du métayage.

M Bignon cherche d'abord à me mettre en contradiction avec moi-même.

Les critiques sévères que j'ai adressées au métayage, dit-il, ne laissaient pas prévoir la conclusion à laquelle elles aboutissent. Ceci demande une explication.

J'ai, en effet, concédé que le colonage pouvait, dans une certaine mesure, être utile au Berry, à titre transitoire; et M. Bignon s'empare avec reconnaissance de cette concession inattendue pour me l'opposer comme une sorte de désaveu de mes griefs et pour prouver qu'il ne s'est point trompé dans ses appréciations.

Rappelons les faits, car il est essentiel de ne pas perdre de vue l'origine de ce débat.

La Société du Berry a ouvert, en 1865, un concours sur le métayage; les mémoires de MM. Bignon et Damourette ont été couronnés. Ces messieurs ont exalté ce système; à les en croire, le métayage amélioré est le remède le plus efficace contre nos misères agricoles.

A la rigueur, rien ne nous obligeait à jeter une note discordante dans ce concert de louanges. Les propriétaires et les cultivateurs du Berry n'auraient pas manqué de faire la part de l'exagération; ils auraient continué à suivre la voie qu'ils jugent la meilleure et la plus profitable. Pour ma part, je me serais bien gardé de troubler la douce quiétude de MM. Bignon et Damourette, et je les aurais volontiers laissés se complaire dans leur admiration.

Mais, en même temps, et c'était un droit que je ne leur conteste pas, ils ont fait une charge à fond contre le fermage; ils l'ont accusé de toutes sortes de méfaits, et ils ont proclamé la supériorité du métayage, non pas au point de vue du Berry seulement, mais d'une manière générale et absolue. A leurs yeux, le métayage est la panacée contre tous les maux; il est au-dessus de tout.

C'est pourquoi, à la lecture des deux mémoires, ma vieille expérience des choses agricoles m'a fait protester contre ces tendances trop absolues.

J'ai donc interrogé le métayage. Je lui ai demandé de nous exhiber ses états de service; ce n'est pas tout de vouloir écarter ses rivaux, et d'aspirer à la haute direction du domaine agricole; on est fort mal reçu si l'on ne justifie pas de ses titres à notre confiance. Nous voulons bien être moutons, mais encore faut-il que nous connaissions le berger qui nous conduira.

J'ai fait ensuite remarquer que le sol du Berry était d'une qualité moyenne, et cette assertion est confirmée par M. L. de Lavergne dans le passage suivant de son livre sur l'économie rurale en France :
« La fertilité naturelle y égale celle de nos régions les plus prospères.

» — Du temps des Gaulois, la tribu des Bituriges comptait parmi
» les plus florissantes. — César vante la fécondité des environs de
» Bourges. » Et j'ai demandé au métayage de me dire quel parti il
avait tiré de cette fertilité naturelle.

Quelle a été la réponse?

J'en appelle à la bonne foi de mes honorables contradicteurs, j'en
appelle à leurs propres déclarations, car ce n'est pas moi qui ai lancé
l'anathème contre le métayage, ce sont MM. Damourette et Bignon :
qui donc a écrit ces mots : PESTE DE L'AGRICULTURE? et notre
savant président, M. de Raynal, n'a-t-il pas confirmé ces amères critiques en disant : « Il est certain que la richesse agricole du Berry se
» trouve *immensément* en dessous de ce qu'elle devrait ou *pourrait*
être ! »

Tels sont les piteux états de service du métayage, certifiés par ses
plus chauds partisans. Je m'incline devant des juges aussi compétents.

Le *passé* du métayage en Berry est donc déplorable ; c'est un point
désormais acquis au débat.

Le *présent* n'est pas beaucoup plus brillant. En cherchant bien, on
découvre dans le Berry quelques exceptions, tout à fait isolées, que
l'on *compterait encore*, selon l'énergique expression de M. Bignon ; *le
plus généralement* (c'est toujours M. Bignon qui parle), *les métayers
sont sans ressource, plus ou moins découragés, plus ou moins apathiques* (1).

Il ne revient au métayage qu'une faible part dans les progrès agricoles réalisés dans l'Indre et aussi dans le Cher pendant ces dernières
années ; ces progrès, très-réels et très-propres à nous donner les plus
grandes espérances, sont dus presque en totalité aux propriétaires
cultivateurs et aux fermiers.

Ainsi, sauf quelques beaux exemples, qui attendent des imitateurs,
ce que l'on peut faire de mieux en faveur du métayage, quant à son
passé et à son *présent* dans le Berry, c'est de le laisser dormir en
paix.

Aux défenseurs de ce système, il reste donc, pour seule et unique
ressource, *l'avenir*. Ah ! c'est ici que mes honorables contradicteurs
comptent triompher ; précurseurs éloquents du métayage de l'avenir,

---

(1) Page 45 du *Compte rendu des travaux de la Société du Berry*, 1864-1865.

ils promettent monts et merveilles aux propriétaires et aux cultivateurs qui l'adopteront.

« J'ai beau chercher, dit M. Bignon, quel mode de travail, dans » nos temps modernes, pourrait offrir au propriétaire de meilleures » conditions que le métayage, à la société plus de garantie de sécurité » et de progrès, et à l'ouvrier plus de chances de prospérer digne- » ment, JE N'EN TROUVE AUCUN. »

Le métayage n'est-il pas trop présomptueux en s'affirmant ainsi ? Je ne lui reproche pas d'avoir à cœur de prendre une revanche et de se faire pardonner le passé ; cependant un peu plus de modestie ne lui aurait pas nui. Quand on affiche d'aussi grandes prétentions, on s'expose à rencontrer des incrédules qui consultent les documents historiques et mettent en évidence de fâcheux antécédents qu'on a tout intérêt à faire oublier.

« De ce que *le métayage*, ajoute M. Bignon, *n'a fait aucun progrès* » *sensible pendant des centaines d'années*, M. Crombez a tort de con- » clure qu'il n'est pas perfectible. »

Je n'ai jamais prétendu que le métayage ne fût pas perfectible ; j'ai admis le contraire. Mais j'ai dit que ces promesses n'étaient, après tout, que des promesses auxquelles, en agriculture surtout, il était sage de ne pas trop se fier. Un simple fait acquis vaut mieux que les hypothèses les plus brillantes, car, supposé que ces promesses ne se réalisent pas et que MM. Bignon et Damourette se trompent, et, mal- gré toute leur science, ils ne sont pas infaillibles, que deviendrait, en ce cas, notre agriculture ? Tout serait à recommencer sur de nou- velles bases.

MM. Bignon et Damourette avaient donc été trop loin dans leurs conclusions contre le fermage. Leurs doctrines absolues m'ont paru dangereuses, et j'en ai signalé les inconvénients avec la conviction que cette discussion serait utile au Berry. Mais, après avoir fait le procès au métayage, je n'ai pas eu la hardiesse de suivre l'exemple de ces messieurs. Je n'ai pas voulu assumer la responsabilité d'un sys- tème exclusif que, par caractère et par principes, je redoute en toute matière.

Voilà le motif qui m'a porté à conclure que le bon métayage pou- vait rendre des services au Berry, à titre transitoire, à la condition de vivre en bonne intelligence avec le faire-valoir direct et le fermage.

Telle est l'explication catégorique que j'avais à donner à M. Bignon. J'ai tout lieu d'espérer qu'il en sera pleinement satisfait.

J'ai encore une autre observation à présenter sur le préambule du nouveau travail de mon contradicteur.

Je lui sais gré de m'avoir rendu justice en commençant par déclarer que ma critique avait été fort courtoise. Je ne me suis pas permis, en effet, de faire une analyse de pure fantaisie de ses opinions. Je me suis imposé l'obligation de reproduire scrupuleusement le texte même de son mémoire, et c'est en le citant que je l'ai combattu.

M. Bignon suit une autre méthode : il résume en vingt-cinq lignes tout ce que j'ai écrit. Il prend au hasard, çà et là, quelques-unes de mes propositions, sans s'inquiéter si elles jouent un rôle décisif dans l'ensemble de mon argumentation, et il termine ce résumé en disant :

« Voilà, si j'ai bien lu et bien résumé, les principaux arguments » de M. Crombez contre l'institution du métayage. »

Je suis tenté de lui reprocher ce procédé et de lui dire qu'il n'a ni bien lu, ni bien résumé.

Je m'en abstiendrai cependant, et je le remercie de m'avoir fait la part aussi belle, en choisissant quelques-unes de mes opinions et en gardant le silence sur le reste.

M. Bignon ajoute ensuite :

« Voici, Messieurs, ma réponse à tout ce qui précède. »

C'est-à-dire qu'il va répondre principalement à son résumé de vingt-cinq lignes en faisant abstraction de la discussion à laquelle je me suis livré.

Eh bien, soit! j'accepte encore le débat dans ces conditions; je vais suivre mon honorable contradicteur sur le terrain qu'il a choisi, et je démontrerai facilement que, même dans cette limite restreinte, sa réfutation n'a aucune consistance.

§ 1er. — LE FERMAGE ET LE MÉTAYAGE DANS LE NORD ET A L'ÉTRANGER.

Je prends immédiatement la première phrase de la partie de la réplique de M. Bignon, dans laquelle il apprécie le fermage dans le Nord :

« Je veux bien croire que le fermage a fait la fortune de l'Angle- » terre ; cependant l'affirmation est un peu vague, et il serait peut-être

» plus juste de reconnaître que les *mœurs* ont été pour beaucoup
» dans cette fortune. »

Si cette affirmation est un peu vague, que M. Bignon veuille bien
demander à son auteur de la préciser. Elle est de M. Damourette, et
il est juste de rendre à César ce qui appartient à César (1). Notre
honorable président avait dit avant lui : « Le fermage est une utile
» et grande industrie, à laquelle l'agriculture a dû en Angleterre et
» en *France* (que M. Bignon ne l'oublie pas) *ses plus grands*
» *progrès* (2). »

Si M. Bignon conteste ces déclarations formelles, qu'il veuille bien
s'en expliquer avec MM. de Raynal et Damourette.

Que viennent faire ensuite les mœurs anglaises dans une lutte
entre le fermage et le métayage? En supposant que les *mœurs an-*
glaises soient telles qu'il les décrit, et que l'absentéisme soit moins
fréquent en Angleterre qu'en France, qu'est-ce que cela prouve?

Admettons toutefois la supériorité des mœurs anglaises : que
M. Bignon veuille bien nous dire à quel mode d'exploitation *ces*
mœurs ont donné la préférence?

Voilà, d'une part, ces Anglais qu'on nous représente comme ayant
le génie de l'agriculture, vivant avec bonheur à la campagne, consacrant leurs trésors à l'amélioration de leurs terres, réunissant toutes
les conditions exigées des propriétaires qui veulent pratiquer le métayage.

Voilà, d'autre part, les Français, habitant volontiers les villes.

La logique veut que les Anglais adoptent le métayage, qui réclame
la surveillance et l'argent du propriétaire, et que les Français affer-
ment leurs terres.

Singulière inconséquence, cependant : en Angleterre on se garde
bien d'avoir recours au colonage, et l'on confie à des fermiers le soin
de cultiver le sol.

Cette première partie du travail de M. Bignon tourne donc contre
lui, et elle me fournit un excellent argument que je livre à ses mé-
ditations.

---

(1) *Compte rendu des travaux de la Société du Berry, 1864-1865*, p. 94.
(2) *Ibid.*, page 11.

De l'Angleterre passons en Hollande, où le fermage est le système généralement suivi.

Dans les *Études d'économie rurale* de M. É. de Laveleye, mon compatriote et une des intelligences les plus remarquables de la Belgique, M. Bignon a découvert deux faits qui ont exercé sur lui la plus vive impression.

« *Le fermage* le plus riche de la Hollande, celui de Groningue, ne » doit pas être l'institution qui fait l'admiration de M. Crombez, » dit M. Bignon. « Le succès exceptionnel de ce mode de fermage tient » à un droit spécial, qu'on nomme *beklem-regt*, droit qui consiste à » exploiter un domaine, moyennant une rente annuelle que le pro- » priétaire ne peut jamais augmenter. »

J'en suis fâché pour M. Bignon, mais il n'a pas compris le *beklem- regt*. Ce contrat, qui a pour origine d'anciens usages locaux, sort de la catégorie des baux à ferme.

Ceux-ci sont, avant tout, temporaires.

Le *beklem-regt*, au contraire, est un droit à la jouissance perpé- tuelle, moyennant une redevance invariable ; il constitue un véritable arrentement à perpétuité, offrant au tenancier des conditions excep- tionnellement avantageuses, qu'on ne rencontre nulle part ailleurs. Le tenancier est presque propriétaire du domaine.

Le *beklem-regt* et le droit des tenanciers de domaines congéables en Bretagne ont entre eux une certaine ressemblance, avec cette dif- férence notable, que le propriétaire breton peut donner congé au tenancier, en lui remboursant certains droits, tandis que le proprié- taire, dans la Groningue, doit souffrir la jouissance à perpétuité. Il aurait, enfin, quelque analogie avec le bail emphytéotique, si celui-ci n'était pas à terme fixe. C'est, en un mot, un système particulier d'amo- diation, une de ces singularités dont le droit ancien nous fournissait beaucoup d'exemples, et que l'on retrouve encore dans tous les pays. M. É. de Laveleye, lui-même, l'appelle un droit bizarre, emprunté au moyen âge. La subdivision du droit de propriété en une propriété presque nominale et en *usufruit perpétuel* est proscrite par la légis- lation moderne en France. « Un *usufruit perpétuel* est une idée bar- bare, » disait Tronchet au conseil d'État.

Il n'y a donc aucune espèce de similitude entre le *beklem-regt* et le *fermage*, dont l'usage est si répandu autour de nous M. Bignon a eu tort de le citer, et tout ce qu'il en dit ne peut exercer la moindre influence sur la solution du problème posé devant la Société du Berry.

Le deuxième fait invoqué par M. Bignon consiste en un cas de métayage qu'il a découvert dans un coin perdu de la Hollande, et le plus arriéré de ce pays. Et quel métayage : le propriétaire a la moitié des grains, mais tout le surplus des récoltes et des produits appartient au fermier, qui paie un véritable fermage en argent. Ce n'est ni le métayage, ni le fermage, c'est un composé des deux systèmes, dont nous n'avons pas à nous préoccuper.

Quand il serait vrai qu'en Hollande, et par exception, on pratiquât le métayage, cela infirmerait-il ce que j'ai dit ? Il y a aussi, dans ce riche pays, des propriétaires qui font valoir par eux-mêmes.

Ne rapetissons pas le débat :

Il est incontestable que l'agriculture de la Hollande est au premier rang. Il est avéré que le fermage est le mode d'exploitation le plus généralement préféré. Peu importent alors ces faits particuliers, ces accidents ; c'est l'ensemble qui doit attirer notre attention.

Envisageons donc les faits par leurs grands côtés, et nous verrons alors combien M. Bignon a été mal inspiré en citant les écrits d'un de mes compatriotes ; rappelons l'opinion de M. È de Laveleye sur la Hollande (1) :

« L'économiste qui met le pied sur le sol de la Néerlande ne peut
» se défendre, pas plus que l'historien, d'un sentiment d'admiration
» et de respect quand il songe à la manière dont ce sol a été d'abord
» conquis sur la mer et sur les sables, puis défendu contre l'étranger.
» Dans la plupart des contrées où l'homme s'est fixé, il n'a eu, pour
» assurer sa subsistance, qu'à profiter des ressources que lui offrait
» la nature (2). On sait que dans les Pays-Bas, au contraire, tout
» faisait défaut à la fois, *jusqu'à la terre qu'il fallait créer*, faire sur-
» gir des eaux et protéger contre le retour de terribles désastres par
» de prodigieux travaux........

» Un grand banc de sable çà et là entrecoupé de tourbières dans
» ses dépressions et à moitié recouvert de relais vaseux que les flots
» de la mer envahissent à marée haute et que les eaux puissantes de
» trois grandes rivières inondent, déforment, remuent et découpent

_____

(1) *Économie rurale en Néerlande,* — première partie.
(2) Cette réflexion est juste. Malheureusement, en France comme ailleurs, l'homme n'a pas toujours su utiliser les richesses naturelles du sol.

» dans tous les sens; ici des dunes mouvantes que le vent déplace et
» roule sur la surface de la contrée; là une boue à peine figée que
» les vagues déposent et emportent tour à tour; tantôt des plaines
» spongieuses qui supportent à peine le poids de l'homme et qui sem-
» blent condamnées à une stérilité éternelle; tantôt un sol équivoque,
» liquéfié, des plages amphibies où l'on ne peut ni naviguer comme
» sur la mer, ni marcher comme sur la terre..... Voilà tout ce que le
» territoire de la Néerlande présentait à ses premiers habitants. Aussi
» Thraséas de Marseille, d'abord, Pline ensuite, semblent-ils sous
» l'impression d'une mystérieuse terreur quand ils décrivent la condi-
» tion des hommes forcés de vivre sur les bords de cette mer du
» Nord...... Ils ne trouvèrent dans cette étrange région que quelques
» familles de pêcheurs...... Et pourtant, ce sont les descendants de
» ces pauvres familles qui ont formé les fières tribus des Bataves et
» des Cauques, et qui plus tard, après avoir conquis pas à pas le sol
» qu'ils fertilisaient, ont su trouver assez de ressources et d'énergie
» pour arrêter deux fois le despotisme menaçant leurs foyers, et pour
» donner le signal de l'émancipation des peuples modernes en fon-
» dant leur propre liberté. Sans doute le commerce a été la cause
» principale de la grandeur et de la richesse de la Néerlande; mais
» pour asseoir et faire vivre les villes où se développait le commerce,
» il fallait créer la terre et lui arracher d'abondants produits. Ç'a été
» le résultat d'un effort incessant et séculaire, d'un art inépuisable en
» expédients et d'une persévérance sans pareille à dompter les élé-
» ments. Tout le monde connaît l'immense travail des digues qui
» préserve de l'inondation une grande partie du pays. La conquête
» du sol sur l'Océan est ce qui a frappé l'imagination, mais la fertili-
» sation des sables et des tourbières a exigé encore un plus grand
» labeur. En beaucoup d'endroits, la couche productive a été formée,
» comme dans un jardin, par un mélange de terres diverses souvent
» amenées de très-loin. Ici c'est le sable qu'on a emprunté au sous-
» sol pour le combiner au terrain tourbeux; là ce sont des dunes
» entières qu'on a transportées pour en répandre la maigre silice sur
» des prairies trop humides; ailleurs, au contraire, on a tiré du fond
» de l'eau les détritus boueux pour les mêler à des terres trop sablon-
» neuses, ou bien on a extrait de l'argile pour communiquer à la
» superficie du sol une fertilité nouvelle. Et que de travaux pour dé-
» fendre cette terre préparée au prix de tant d'efforts industrieux et
» soutenus ! Comme elle se délaie et s'éboule facilement partout où
» des eaux courantes la touchent, il a fallu la préserver par des pilotis
» et des planches, par des clayonnages et des fascines, par des bri-
» ques et des appareils de tout genre. Aussi, tandis qu'ailleurs pour

» faire connaître l'économie rurale il suffit de dire comment on'ex-
» ploite la terre, ici il faut encore indiquer comment on l'a formée.»

Et M. E. de Laveleye termine ainsi :

« Tel est, dans ses traits généraux, le spectacle qu'offre le domaine
» agricole de la Hollande. On le voit, dans le grand mouvement de
» progrès matériel qui caractérise notre époque, la *Néerlande marche*
» AU PREMIER RANG. »

Voilà ce que les Hollandais ont fait : sans doute, ces résultats
grandioses sont dus à leur courage, à leur intelligence, à leurs capitaux, mais n'oublions pas non plus que la Hollande est un pays *de
fermage*, et que c'est à l'aide de ce système que ce peuple est parvenu à accomplir une œuvre qui fait l'admiration des économistes et
du monde agricole. Lorsque le métayage comptera de pareilles merveilles à son actif, nous serons les premiers à l'acclamer. Jusque-là,
il fera bien de ne pas revendiquer un rang qui ne lui appartient à
aucun titre.

Nous arrivons maintenant en Belgique et dans le département du
Nord. Je réunis ces deux contrées pour ne pas trop prolonger ce
voyage agricole.

J'ai lu avec regret les deux pages que M. Bignon a écrites à ce
sujet. Une conviction passionnée a pu seule l'entraîner à porter un
jugement aussi injuste qu'erroné sur ces pays, qu'il déclare lui-
même, avec une naïveté charmante, ne pas connaître assez ; je suis
même autorisé à penser qu'il ne les connaît pas du tout.

M. Bignon s'en est donc rapporté à des *on dit*, comme si, dans une
discussion sérieuse, les *on dit* avaient une valeur quelconque. Ces *on
dit* n'étaient admissibles que dans le cas où il aurait eu à contredire
les assertions de personnes étrangères, comme lui, à la Belgique et
au département du Nord.

On a donc dit à M. Bignon que *si le fermage enrichit quelquefois
les propriétaires, il ruine fréquemment les fermiers*, on lui a dit que
la richesse des Flandres est plus apparente que réelle ; un de ses amis
lui a écrit que le *fermage du Nord ne peut se suffire, puisqu'il est
obligé d'aller chercher en Belgique ses serviteurs à gages et ses ouvriers,*
qu'*avec le fermage du Nord la famille agricole n'existe plus ; il faut
tendre la main à l'étranger ;* suivent des calculs pour prouver les
dures conditions faites aux fermiers du Nord. Il est évident, d'a-
près cela, ajoute M. Bignon, qu'un *fermier, dans le département du*

Nord, a fort peu de chances de devenir riche et de vivre rentier sur ses vieux jours. Cela tient surtout aux exigences des propriétaires fonciers, qui, pour ne pas se laisser trop éclipser par les industriels et continuer à tenir leur ANCIEN RANG, *sont obligés d'augmenter les fermages. Enfin, pour tout résultat, les fermiers du département du Nord n'ont souvent que du pain sec à manger, de l'eau à boire et l'hôpital où il y en a.*

Et tous ces *on dit*, ces exagérations incroyables, M. Bignon les accepte sans aucun contrôle !

Mais, en vérité, si tout cela était exact, ces pays seraient les plus malheureux du monde.

J'engage M. Bignon à lire avec attention les *Etudes* de M. É. de Laveleye. Cet éminent écrivain apprécie avec impartialité la situation agricole de son pays. Il expose librement ses impressions, favorables ou défavorables. Il sait que l'agriculture, en Belgique comme dans le département du Nord, n'a pas encore dit son dernier mot et il indique à ses concitoyens l'idéal à poursuivre, approuvant ce qui est bien, mais critiquant énergiquement ce qui est mal.

M. É. de Laveleye n'a fait, d'ailleurs, aucune comparaison. Il s'occupe uniquement de la Belgique. Aussi trouve-t-on, dans ses *Études*, des passages qui, cités isolément ou mal interprétés, donneraient une très-fausse idée de l'ensemble. Mais si M. É. de Laveleye avait eu à comparer la Belgique avec le Centre de la France, son langage eût été le même que celui de M. de Lavergne. Je cite textuellement :

« La région du Centre est la plus pauvre.... Pour trouver un équi-
» valent de la série des analogies extérieures, il faut aller *jusqu'au*
» *centre de l'Espagne,* car tout ce qui nous entoure est beaucoup plus
» prospère, même la Savoie et le Luxembourg. La nature du sol ne
» suffit pas pour justifier *cette énorme infériorité* (1). »

M. Bignon avouera que cette comparaison avec l'Espagne n'est point flatteuse pour le Centre de la France.

Puisque j'ai nommé M. de Lavergne, je vais extraire du même ouvrage de cet auteur, pour l'édification du lecteur, quelques passages concernant le département du Nord. M. Bignon jugera ensuite si les confidences de son ami méritent quelque créance.

(1) *Économie rurale de la France,* — 6e région. — Centre.

« Le département du Nord, qui ouvre la marche, *est le plus beau*
» *pays de culture de France,* et UN DES PLUS BEAUX DU MONDE. Je ne
» connais que les comtés de Leicester et de Warwick en Angleterre,
» et EN BELGIQUE LE HAINAUT, *qui puissent lui être comparés.* La terre
» y produit en moyenne 300 francs par hectare de l'étendue totale,
» ce qui, déduction faite des bois et autres terrains improductifs,
» donne 450 francs par hectare cultivé, ou trois fois plus que la
» moyenne de la France. On y compte deux cent treize habitants
» par 100 hectares. Si la France entière était aussi peuplée, elle aurait
» plus de 100 millions d'habitants. On y trouve la grande, la moyenne
» et la petite culture; *mais la petite domine et donne des résultats*
» *admirables.....* Telle qu'elle est, l'agriculture flamande n'a pas de
» rivale ou au moins de supérieure. *Malgré les trésors qu'elle porte*
» SANS FIN, *la fertilité de la terre ne cesse de s'accroître* (1).

» ..... Ce département est parvenu, par l'accumulation des engrais,
» à cultiver annuellement 20,000 hectares en betteraves, et chacun
» de ces hectares rapporte 1,000, 2,000, jusqu'à 3,000 francs de pro-
» duit brut..... Les oléagineux, œillette et colza, couvrent environ
» 20,000 hectares; le lin s'étend sur 10,000 hectares et donne en
» moyenne 1,000 francs par hectare; on en a vu qui a produit
» jusqu'à 5,000 et même 6,000 francs. Le tabac et le houblon ne
» rapportent pas moins, mais sur une faible surface. Les céréales n'en
» souffrent pas; le froment, qui occupe le tiers environ des terres
» arables, donne en moyenne 25 hectolitres à l'hectare, comme en
» Angleterre; sur quelques points on obtient 30, 40 et même jusqu'à
» 50 hectolitres. Dans les arrondissements de Lille et de Valenciennes,
» la rente moyenne des terres est de 150 francs *au moins;* dans
» ceux de Dunkerque, d'Hazebrouck, de Cambrai, de Douai,
» de 100 francs.»

Ce tableau splendide me dispense de tout commentaire.

Et cependant il y a dans ce tableau une ombre qui produit un effet
fâcheux. M. Bignon nous a affirmé que le fermage du Nord ne pouvait se suffire, puisqu'il est obligé d'aller chercher en Belgique ses
serviteurs et ses ouvriers. Il tend la main à l'étranger; grand crime
à ses yeux!

---

(1) Ainsi la terre porte des récoltes *sans fin,* et cependant la fertilité ne
cesse de s'accroître. Quelle leçon pour ceux qui prétendent que le fermage
ruine la terre!

Voici l'opinion de M. de Lavergne sur ce point spécial. Elle est diamétralement opposée à celle de M. Bignon et de son ami.

« Malheureusement, dit M. de Lavergne, cette culture si profitable
» a un *vice capital* qui rétablit l'équilibre en faveur de la culture an-
» glaise, c'est *l'excès de population* RURALE. Malgré les développements
» de l'industrie et du commerce, ceux qui vivent de l'agriculture
» forment la moitié à peu près de la population, ce qui les porte à
» 100 pour 100 hectares, ou plus que dans quelque pays que ce soit,
» excepté peut-être la Chine. »

Cet excès de population RURALE a une triste conséquence, c'est l'extension du paupérisme. « Il n'y a nulle part autant d'indigents que
» dans cette grasse et riche contrée, dit M. de Lavergne; en pré-
» sence d'un pareil fléau, ces admirables campagnes perdent beau-
» coup de leur éclat. »

J'ai montré le beau côté du département du Nord, mais je n'ai pas dissimulé le revers de la médaille. Je ferai remarquer en passant que le fermage n'est point responsable de cette situation; elle est due à un excès de population ou plutôt à la trop grande prospérité de cette contrée. Comparée à celle des autres régions de la France, elle perd de sa gravité. « Au fond, dit M. de Lavergne, la condition gé-
» nérale des Flamands est plutôt au-dessus qu'au-dessous de la
» moyenne nationale. »

M. Bignon n'est pas de cet avis et il se prend de compassion pour les fermiers du Nord. J'avais prévu l'objection dans mon *Étude comparative.*

La position des cultivateurs mérite toute notre attention, mais elle ne nous présente qu'un seul des éléments qui constituent la prospérité agricole d'un pays.

Il y en a deux autres dont M. Bignon s'abstient de parler, et pour cause :

1° La situation générale du domaine agricole;

2° Celle des possesseurs du sol.

Pour que l'agriculture d'une contrée soit florissante, trois conditions sont donc nécessaires :

Il faut que la culture apporte un contingent important dans le développement de la richesse publique; que les propriétaires retirent

de leurs terres un revenu réel et équitable, et que des profits rému-
nérateurs soient assurés aux cultivateurs.

M. Bignon ne conteste pas sérieusement la supériorité écrasante de
l'agriculture du Nord (obtenue en grande partie à l'aide du fermage)
sur l'agriculture du Centre.

Il avoue déjà que les propriétaires du Nord s'enrichissent. Quant à
ceux du Centre, il ne se prononce pas. Jusque dans ces dernières années, je doute qu'ils aient fait de brillantes affaires. Beaucoup d'anciens possesseurs ont dû renoncer à la lutte et liquider leur position.
Il serait même intéressant de faire une statistique des capitaux étrangers qui sont venus acquérir des propriétés dans l'Indre et aussi dans
le Cher. Ces faits n'indiquent pas précisément que, dans le Centre,
les propriétaires se soient enrichis.

Ainsi, sur trois éléments de prospérité agricole, le Nord en possé-
derait, de l'aveu même de M. Bignon, deux très-importants, et il
aurait ainsi sur le Centre un immense avantage.

Il reste donc à rechercher si le troisième élément manque dans le
Nord et s'il existe dans le Centre. M. Bignon nous laisse dans le
doute sur ce dernier point. Voyons s'il n'y a pas moyen de dissiper
cette obscurité.

J'ai sous la main un document précieux qui prouve que les métayers ne s'enrichissent pas dans le Centre : ce sont les propres aveux
de M. Bignon. Il nous dit, dans son mémoire (1), que *le plus généralement ils sont sans ressources, plus ou moins découragés.*

A ceux qui affirmeraient que les métayers s'enrichissent, je ré-
pondrais que cela est impossible en présence de leur culture arriérée.
De deux choses l'une, ou bien les métayers s'enrichissent, et alors l'a-
griculture est florissante; ou bien la culture est pauvre, et alors
les métayers ressemblent à la culture.

En effet, je prends un domaine du Berry et je l'abandonne gratuitement à un métayer; les récoltes et les produits lui appartiendront
sans partage. Eh bien, je soutiens qu'un métayer, même avec des
conditions aussi favorables, ne s'enrichira, en prenant le mot dans
sa véritable acception, que s'il cultive le domaine avec soin et avec
intelligence. Il serait alors dans la même position que le propriétaire

---

(1) Page 45 du *Compte rendu de* 1864-1865.

qui exploite lui-même ses terres. S'il cultive mal, il végétera, il traînera une existence pénible et finira par s'endetter.

A plus forte raison, si le propriétaire prélève la moitié des produits, le métayer, pour s'enrichir, devra redoubler d'efforts.

Mais *ces efforts*, ces *soins intelligents* ne sont pas uniquement des mots sonores, vides de sens : ils se manifestent toujours par des actes apparents, visibles pour les profanes aussi bien que pour les agronomes. Ils laissent des traces matérielles. Nous verrions des plaines couvertes de riches récoltes, des terres bien tenues; nous ne serions pas en présence de la culture stérilisante, résultant du métayage et du spectacle désolant auquel nous assistons dans le Berry, lorsque nous visitons les domaines exploités par les métayers : le plus simple bon sens nous enseigne donc que là où la culture est arriérée, comme dans le Centre, là aussi les métayers sont peu aisés et sont loin de pouvoir *amasser des rentes pour vivre dans leurs vieux jours.*

Ils ne s'enrichissent donc pas; je parle en général, car les exceptions ne prouvent absolument rien, même celles citées par M. Bignon.

Voyons maintenant si les fermiers du Nord se ruinent fréquemment.

J'ai reconnu, dans mon premier travail, que leur condition était Dure. — Cela est vrai. — Beaucoup ne prospèrent qu'à force d'économie, d'activité, d'intelligence et de persévérance. Je n'ai pas contesté qu'il y eût dans le Nord de mauvais propriétaires aussi bien que de détestables fermiers.

Sous ce rapport, cette région ressemble au reste de la France, à moins qu'on ne veuille prétendre que les propriétaires du Centre ont seuls le privilége de la générosité.

Disons la vérité; ne nous payons pas de vains mots et écartons tout ce qui est déclamation.

Dans tous les pays, dans le Centre de la France comme ailleurs, les propriétaires cherchent à tirer de leurs immeubles les plus gros revenus possibles. C'est leur tendance naturelle.

Les exigences des propriétaires fonciers sont partout à peu près les mêmes. Je ne sache pas qu'il existe une terre promise pour les cultivateurs. Si j'en crois les articles publiés par M. Bignon dans le *Journal d'Agriculture pratique*, les propriétaires de l'Allier ne seraient pas eux-mêmes à l'abri de tout reproche. Et quand il nous dit que, dans le Nord, les propriétaires, à mesure que leurs besoins deviennent plus difficiles à satisfaire, sont obligés d'augmenter leurs fermages pour ne pas se laisser trop éclipser par les industriels et pour continuer à tenir *leur ancien rang*, je suis fondé à lui rappeler que ces exigences sont très-communes dans le Berry à l'égard des métayers.

Ne touchons pas trop à cette corde délicate. Ne mettons pas en présence les propriétaires et les cultivateurs, les patrons et les ouvriers. Abstenons-nous de blâmer légèrement toute une classe de la société. Ces récriminations sont dangereuses, et elles pourraient retomber, comme le pavé de l'ours, sur les propriétaires du Centre.

La hausse des fermages dans le Nord n'a pas été provoquée par la nécessité, pour les propriétaires fonciers, de tenir leur ancien rang. Ils ont presque tous leurs capitaux engagés dans l'industrie et beaucoup d'entre eux aussi sont industriels. Propriété et industrie sont liées intimement; elles ne font qu'un tout, et la rivalité dont M. Bignon parle n'existe que dans l'imagination de son ami.

Je ne veux pas faire les propriétaires du Nord meilleurs qu'ils ne sont. Tout comme ceux du Centre, ils ont leurs qualités et leurs défauts; j'accorde que certains d'entre eux ont profité des circonstances et aussi de la concurrence que se font les fermiers, pour diviser leurs terres et pour les louer à des prix trop élevés.

Mais il ne faut pas en conclure, comme M. Bignon, que la ruine soit fréquente chez les fermiers. Si cela était vrai, nous apercevrions bientôt des signes de décadence, nos campagnes perdraient rapidement cet aspect plantureux qui excite l'admiration de ceux qui les visitent. Quand le fermier se ruine, la terre elle-même ne tarde pas à être ruinée.

Tout se tient dans l'agriculture : les divers éléments de la prospérité générale sont pour ainsi dire solidaires.

Si le propriétaire ne tire que de maigres revenus, il délaisse bien vite ses immeubles, et place ses capitaux dans l'industrie, qui lui offre actuellement des placements plus productifs; ou bien il ne s'intéresse plus à ce qu'il possède, et la richesse publique décroît.

Si le cultivateur se ruine, il cultive mal faute d'argent; il n'achète plus d'engrais, ou il n'en produit plus assez, et alors encore l'agriculture suit une marche rétrograde.

En d'autres termes, quand un pays peut, comme le département du Nord, se glorifier de posséder une agriculture perfectionnée, on peut dire que la terre est bien cultivée, et elle ne peut être bien

cultivée que si les cultivateurs sont convenablement rémunérés. Que
le lecteur retourne la phrase, et il aura une appréciation exacte de la
position du Centre.

Le jour où les fermages du Nord deviendront excessifs, et ne laisseront plus aucun profit aux fermiers, ceux-ci abandonneront leurs
exploitations. L'offre des terres sera alors supérieure à la demande,
et les propriétaires seront forcés de diminuer le prix du loyer de la
terre.

Nous n'avons aucun motif pour redouter ce conflit entre les propriétaires et les cultivateurs. La force des choses, plus encore que les
sentiments d'humanité, amènera toujours une conciliation entre les
deux intérêts. M. L. de Lavergne n'exprime aucune crainte de nature à confirmer les appréhensions de M. Bignon.— Il dit même, en
terminant le chapitre concernant le département du Nord :

« *L'organisation de la propriété et* DE LA CULTURE *ne réclame aucun*
» *changement radical. L'intérêt public, comme l'intérêt privé, com-*
» *mande que, dans la location de la terre, le propriétaire cherche à*
» *obtenir la rente la plus élevée.* Si la petite culture lui donne plus
» que la grande, c'est elle qu'il doit préférer; mais il faut faire entrer
» tous les éléments dans le calcul, et si le trop petit cultivateur pro-
» met plus qu'il ne peut tenir, mieux vaut s'arrêter. Je n'admets,
» pour mon compte, d'autre borne à la division du sol, soit comme
» propriété, soit comme culture, que le point où le cultivateur ne
» peut plus obtenir de son travail une rémunération suffisante. Où
» ce point est-il atteint dans le département du Nord ? La réponse
» doit varier suivant les circonstances. Supposons qu'en moyenne la
» limite raisonnable soit de 8 à 10 hectares pour les fermes, et de 4 à
» 5 pour les propriétés, *on peut s'imposer un pareil minimum sans*
» *changer beaucoup les conditions existantes.*

» Si ce minimum ou tout autre était adopté, non par la loi qui
» n'a rien à voir en ces matières, mais par le consentement libre des
» parties; si en même temps on s'attachait à éviter tout excès de main-
» d'œuvre et à perfectionner les instruments de travail, LA RENTE
» POURRAIT S'ÉLEVER ENCORE et la condition de la population rurale
» s'améliorer. »

M. L. de Lavergne ne dit pas un mot de la hausse des fermages :
un seul point le préoccupe, c'est la division des propriétés, et aussi
l'extension de la petite culture. Et, toute réflexion faite, il ne voit
aucun changement radical à apporter. Il admet même que la rente
de la terre n'est pas arrivée à son apogée. Voilà la vérité.

Il me reste, pour en finir avec le département du Nord, à répondre à quelques observations de détail présentées par M. Bignon.

Parmi les conditions imposées aux fermiers, il en est une que M. Bignon repousse : suivant lui, les redevances en nature, telles que poulets, œufs, corvées, etc., ne s'accordent guère avec l'indépendance et la fierté que l'on exalte tant chez les fermiers.

J'avoue ne pas saisir la corrélation qui existe entre les redevances en nature et l'indépendance des fermiers. En quoi ces redevances peuvent-elles blesser leur fierté? Si l'on nous disait qu'elles font tort à leur bourse, je le concevrais, mais il est inadmissible que la redevance en nature retienne les fermiers dans une dépendance quelconque. La redevance en nature est tout simplement un accessoire, un supplément du prix de fermage, cela saute aux yeux.

Lorsque j'ai critiqué l'article 15 du *bail-modèle* de M. Bignon, j'ai eu en vue, non pas, comme lui, la redevance en nature, mais la disposition qui oblige les métayers à *faire la cuisine* et *à servir de domestiques* au propriétaire; disposition qui n'a pas été blâmée par M. Bignon, qui est en harmonie avec ses principes et avec ceux de M. Damourette, afin de retenir les métayers par les liens de la subordination. La redevance en nature se résout toujours en une question d'argent; c'est un calcul à faire pour le cultivateur, afin de savoir quelles sont ses charges réelles. — L'obligation du service personnel, seule, est humiliante.

M. Bignon paraît douter que le fermier soit plus indépendant que le métayer. Je n'essaierai pas de le persuader; je lui citerai, à titre de renseignement, ce que dit M. Damourette à ce sujet (1) :

« Ces excellents rapports ont pour conséquence immédiate de main-
» tenir entre les métayers et le propriétaire un *lien de subordination*
» pour les premiers et de supériorité pour le second; *dispositions*
» *inconnues dans les pays de fermage, où le bailleur et le preneur se*
» *trouvent SUR UN PIED D'ÉGALITÉ ET D'INDÉPENDANCE ABSOLUES.* »

Est-ce clair? M. Damourette aura-t-il le privilège de convaincre M. Bignon?

Il articule encore un autre grief : *Dans le Nord, le fermage ne peut se suffire et il est obligé de faire appel aux ouvriers du dehors pour les travaux agricoles:* donc le fermage est une mauvaise institution. Ici, je

(1) Page 118.

ne comprends plus du tout, car si cette pénurie d'ouvriers existe réellement, ce que M. L. de Lavergne conteste formellement, cela prouverait, ou bien que la population du Nord est insuffisante, ou bien que les fabriques lui procurent un salaire plus élevé. Mais proscrire le fermage parce que la population serait rare, me paraît une conséquence fort singulière, qui échappe aux règles de la plus simple logique.

Quel que soit le mode de culture, fermage ou métayage, on n'échappera pas à la nécessité de recourir aux ouvriers auxiliaires en temps de *sarclage* et de *moisson*. M. Bignon, lui-même, impose au colon l'obligation d'occuper, en toute saison, *au moins six hommes* capables d'exécuter les gros ouvrages (n° 2 des bases des conventions avec ses métayers). Et si la localité qu'il habite ne possède pas ces six hommes, il sera bien obligé de les faire venir des localités voisines. A moins que le métayage n'ait rien à sarcler, qu'il ait peu à récolter, ce qui lui arrive trop souvent, il devra toujours recourir à des aides aussi bien que le fermage.

« Avec le fermage, ajoute M. Bignon, la famille agricole n'existe plus. Il faut tendre la main à l'étranger ».

Que vous en semble, lecteurs? Et les familles si nombreuses (1) des fermiers du Nord, que sont-elles donc, sinon agricoles? Les classerez-vous parmi les industrielles, les commerçantes, les rentières, etc. ? Jusqu'à ce jour, j'avais pensé que les ménages de fermiers constituaient des familles agricoles, et voilà que tout est bouleversé ! Et parce qu'elles ont recours aux *six hommes* de M. Bignon, ce ne sont plus des familles agricoles! Ceci renverse toutes mes idées.

« Il est encore à remarquer, dit M. Bignon, que *les fermiers doivent s'en aller avec la grosse propriété*, et que *la grosse propriété s'en va.* »

Cette prophétie a le défaut de reposer sur une erreur matérielle. Il y a longtemps, bien longtemps, en effet, que la *grosse propriété* a disparu dans le Nord. Les fermes de 100 hectares se comptent; celles de 50 hectares ne sont pas nombreuses, et la moyenne est de 8 à 10 hectares; le surplus du sol est loué en détail aux petits cultivateurs. La grosse propriété ne s'en va pas dans le Nord, elle est partie et elle ne reviendra plus. Les fermiers petits, moyens et grands ne lui

---

(1) J'ai vu, dans le Hainaut, une famille composée du grand-père, du père, de la mère et de dix-neuf enfants, tous vivant et travaillant dans la même ferme. Les ménages ayant six ou huit enfants sont très-communs.

ont pas fait cortége, ils sont restés, et je n'aperçois encore aucun préparatif de départ.

La grosse propriété, au contraire, domine encore dans le Centre, et c'est elle qui entretient le colonage. Divisez les grandes terres et les fermes, et le métayage sera obligé d'accompagner la grosse propriété dans son exil.

§ 2. — LE FERMAGE ET LE MÉTAYAGE DANS LE CENTRE.

J'aurais pu m'abstenir de donner autant de développement aux observations qui précèdent, car M. Bignon lui-même ne s'est pas dissimulé le côté faible de ses réflexions sur les pays de fermage. Reconnaissant probablement que sa thèse était insoutenable, il renonce bientôt à défendre la supériorité du fermage sur le métayage ; il se réfugie dans une argumentation subsidiaire :

« M. Crombez, m'a entraîné, dit-il, plus loin que je ne voulais » aller. Je n'ai pas à m'occuper des modes d'exploitation dans toute » la France et à l'étranger ; *je n'ai à voir que le centre de la France,* » et je maintiens que le métayage y rendra plus de services que le » fermage ordinaire. »

Soit encore : je ne demande pas mieux que de restreindre le champ de la discussion ; j'accepte la concession inattendue que M. Bignon me fait et je vais rentrer dans le centre de la France, pour n'en plus sortir. Aussi bien je n'ai rien à perdre à cette évolution.

« Je n'accepterai pas, dit M. Bignon, une comparaison entre de » riches fermiers et de pauvres métayers ; le triomphe devient trop » facile. *C'est entre le fermage et le métayage amélioré que le paral-* » *lèle est acceptable.* »

Il est rationnel, en effet, lorsqu'on veut faire une comparaison, de mettre en présence des objets de même nature et de même espèce. On ne compare pas, par exemple, une grenouille et un bœuf, ni de pauvres métayers et de riches fermiers. Nous sommes d'accord.

M. Bignon demande donc que l'on compare le fermage et le métayage amélioré.

A mon tour, je lui demande quelle espèce de fermage il prendra pour type.

Est-ce le *mauvais fermage,* c'est-à-dire celui qui, selon M. Bignon, ne laisse pas une part raisonnable au fermier ? Mais alors, pour être juste, c'est au mauvais métayage qu'il faut le comparer; et nous avons démontré que ce mauvais fermage était bien préférable au mauvais métayage, sous tous les rapports.

Avec le fermage dont il s'agit, il nous reste, comme compensation, une agriculture perfectionnée et des propriétaires recevant des revenus satisfaisants.

Avec le mauvais métayage, le pays, les propriétaires et les métayers sont tous misérables.

Est-ce le *bon fermage* que M. Bignon veut mettre en parallèle avec le *métayage amélioré?* C'est assez difficile, puisque ce *métayage amélioré* est à l'état d'embryon et qu'on ne compare pas un fait acquis avec une espérance peut-être chimérique. Lorsque le métayage amélioré sera une généralité et une réalité, nous en étudierons les résultats avec impartialité. Jusque-là nous sommes dans le doute et nous nous abstenons.

M. Bignon m'objecte que, dans le Centre, les fermiers dont j'ai parlé sont des modèles à peu près introuvables. Dans l'Indre, MM. Parise, Bilan, Simon, Favry, Firbach, Barrault et un grand nombre d'autres fermiers donnent un éclatant démenti à cette assertion, et je suis convaincu que, dans le Cher, les bons fermiers ne sont pas rares.

Il est facile de dire que les primes d'honneur ne prouvent rien contre les métayers; mais sans nous arrêter aux primes d'honneur, nous avons les médailles décernées dans nos modestes comices agricoles et qui font le même accueil aux petites exploitations et aux grandes. Ces luttes pacifiques nous indiquent l'état de l'agriculture. Comment se fait-il que, dans l'Indre, *le métayage amélioré* n'y joue qu'un rôle secondaire? Comment expliquer aussi cette invasion du fermage dans le Centre?

J'arrive maintenant à l'extrait des conventions que M. Bignon conclut avec ses métayers (1). Il ne veut pas absolument que, dans le métayage, il y ait *un maître et un serviteur.* Ces expressions lui sont particulièrement désagréables. J'en suis heureux et je le félicite de ces bons sentiments.

Je tiens cependant à me défendre d'avoir accusé légèrement le

(1) Je n'ai rien à répondre aux observations de M. Bignon sur la culture spéciale de la vigne. Qu'il veuille bien relire mon *Étude comparative*, et il verra que nous sommes à peu près d'accord sur ce point.

métayage. Je ferai donc observer à **M.** Bignon que je n'ai pas inventé ces mots :

Je les ai copiés dans son mémoire (1), et en se servant de ces fâcheuses expressions il prend le soin de les justifier : « Sous chaque
» clause on découvre *un maître* et *un serviteur,* mais on s'explique
» facilement cette situation; *on comprend que,* dans la presque géné-
» ralité des cas, l'intelligence et le progrès vont se trouver associés à
» l'ignorance et à la routine, et *que l'entente deviendrait impossible*
» *si la discussion de ces moyens d'action devait être admise.* »

M. Damourette est du même avis, et il recommande de *retenir le métayer par les liens de la subordination* (2).

Voici **M.** Valette, enfin, un ardent et éloquent défenseur du métayage, qui analyse les arrangements faits avec ses métayers et qui avoue, franchement, sans détour, *qu'ils sont* RÉDUITS *à l'état de domestiques intéressés* (3).

J'engage donc **M.** Bignon à vider cette querelle avec lui-même et avec **MM.** Damourette et Valette. On n'est jamais trahi que par soi-même ou par les siens ; la vérité se fait jour tôt ou tard.

Je renonce du reste et très-volontiers à me servir de ces mots, et j'étudie, avec les meilleures intentions, les bases des conventions de métayage. Dans les six nouveaux articles proposés par **M.** Bignon, dans les trente-deux articles de son bail modèle de 1860, dans les cinquante-quatre articles du bail de **M.** Damourette, il m'est impossible de voir une association, dans le sens légal et économique du mot.

Dans ces conditions, ce système d'exploitation du sol est tout simplement *une des variétés du faire-valoir direct, à l'aide d'agents intéressés ; rien de plus, rien de moins.*

C'est ce que j'ai démontré dans mon *Étude comparative.*

M. Bignon me fait cependant les objections suivantes :

1º Le fermier ne profite pas plus de la plus-value du sol que le métayer ; le jour où l'on fera bénéficier le fermier sous ce rapport,

---

(1) Page 74.
(2) Page 118.
(3) Concours régional du département de l'Indre en 1866. *Mémoire de M. Valette,* pages 19 et 20.

rien ne s'opposera à ce que l'on en fasse également bénéficier le métayer.

Ce raisonnement est assez singulier; quand un principe est juste, il faut l'appliquer sans retard et sans attendre surtout que d'autres montrent l'exemple. D'ailleurs, cette sommation qu'on adresse au fermage n'est nullement motivée, et M. Bignon n'a pas saisi l'immense différence qui existe entre une *association agricole* et le fermage. Je répète ce que j'ai déjà dit :

Si, comme on le prétend, le métayer est un associé, en prenant ce mot dans son véritable sens, il a *droit* à une part quelconque *des bénéfices*. La plus-value du sol, obtenue par son travail, est un bénéfice : donc il a *droit* à une part quelconque de la plus-value du sol.

Le bail à ferme ne présente aucun des caractères d'une association. C'est un contrat à forfait; le fermier est un *forfaiteur*, si je puis me servir de cette expression qui rend bien ma pensée, quoiqu'elle ne soit pas correcte. Le fermier n'a donc aucun droit à la plus-value; c'est à lui de s'arranger pour rentrer dans ses avances pendant le cours du bail.

C'est ainsi, au surplus, que les fermiers eux-mêmes interprètent le bail à ferme. J'ouvre l'enquête sur les engrais industriels organisée par le gouvernement (1), et je lis, à la page 498, la déposition suivante (2) :

« M. BELLA. — L'objet de ma question était de savoir de M. Mi-
» chaux quel est le capital d'exploitation qu'il est obligé d'engager
» pour créer le mouvement de production si important qu'il vient
» d'esquisser tout à l'heure.

» M. MICHAUX. — 1,000 francs au moins par hectare.

» M. LE PRÉSIDENT. —170,000 francs pour toute votre ferme ?

» M. MICHAUX. — Oui, à peu près.

» M. BELLA. — 1,000 francs au lieu de 100 ou 150 francs, qui re-

(1) Parmi les membres de la commission, figuraient MM. de Raynal et Valette.
Cette enquête a eu lieu en 1864 et elle a été publiée en 1865. — Imprimerie impé-
riale.
(2) Interrogatoire de M. Michaux, fermier à Bonnières (Seine-et-Oise). — Il occupe
une ferme de 170 hectares. Il paie 77 francs l'hectare.

» présentent le capital d'exploitation moyen de la France, et, encore,
» vous ne comptez pas les engrais, 200 ou 300 francs par hectare?

» M. MICHAUX. — *Non, je ne les compte pas. Je considère que si je*
» *sortais demain de ma ferme, je ne trouverais pas un successeur qui*
» *me payât l'engrais que je laisserais dans la terre.*

» M. LE PRÉSIDENT. — VOUS LE REGARDEZ COMME AMORTI ?

» M. MICHAUX. — OUI ! »

M. Michaux a fait ses calculs; il a amorti ses avances et il reconnaît n'avoir aucun droit à la plus-value du sol. Cette déposition prouve, en outre, une fois de plus, que les fermiers, ceux du moins qui comprennent bien leurs intérêts, ne ruinent pas et ne peuvent pas ruiner leurs terres à la fin du bail.

2° D'après M. Bignon, *la vente des terres soumises au métayage devient de jour en jour plus facile; le prix des métairies augmente, tandis que celui des fermes diminue ou tend à diminuer.*

C'est la seule et unique réponse que M. Bignon ait faite à la troisième partie de mon *Étude comparative*, ou plutôt ce n'est pas une réponse. Telle qu'elle est, elle renferme deux affirmations complètement erronées.

Le prix des terres affermées ne diminue pas ; il augmente tous les jours. Que M. Bignon veuille bien consulter les documents officiels et il en acquerra la preuve. M. L. de Lavergne donne des chiffres qui ne laissent subsister aucun doute. Dans certaines contrées, il y a bien eu des oscillations exceptionnelles produites par un changement dans les conditions économiques, mais la marche ascensionnelle de l'ensemble est incontestable.

D'un autre côté, si la vente des métairies est si facile, pourquoi donc une grande partie du sol des départements du Centre est-elle continuellement à vendre? Dans l'Indre, je connais des propriétés rurales qui, depuis des années, attendent des acheteurs sérieux. Il ne serait pas difficile d'y acquérir des milliers d'hectares.

M. Bignon ignore que, dans les pays de fermage, aussitôt que des fermes et des terres sont à vendre, il se présente dix amateurs pour un, et j'en ai donné le motif : la terre affermée convient à tous les capitalistes, sans exception, tandis que les métairies sont le lot exclusif de ceux qui ont des connaissances agricoles. Dans son *Mémoire*, M. Bignon donne à ceux qui sont étrangers à l'agriculture le conseil charitable de ne pas acheter de métairies.

3º J'avais, dans mon *Étude*, appelé l'attention sur les conséquences fâcheuses du décès du propriétaire, directeur d'une métairie améliorée par ses soins. (Voir sixième partie.) Je m'étais attaché à faire ressortir les difficultés qui devaient nécessairement résulter de ce décès.

Pour mon compte, répond M. Bignon, *je n'ai aucune inquiétude à cet endroit. Le difficile n'est pas de continuer une besogne bien commencée, c'est de la bien commencer. Après cela, les imitateurs ne manquent jamais.*

C'est bientôt dit, et l'assurance de M. Bignon me confond. Ceux qui ont une longue expérience des choses agricoles ne seront pas aussi tranquilles. J'en connais, dans l'Indre, qui m'ont souvent exprimé leurs craintes sur ce que deviendraient leurs exploitations après leur décès. Les faits, malheureusement, sont là pour justifier ces inquiétudes, si légitimes chez les pères de famille.

4º M. Bignon nous assure que les fermiers riches ne veulent que de *riches terres* et de *grandes exploitations ;* les métayers sont plus modestes; ils s'accommodent aussi bien des petits domaines que des grandes exploitations.

Autant de mots, autant d'erreurs.

Il y a des fermiers de toute espèce; des petits, des moyens et des gros. Il y en a pour toutes les natures de terre, pour les bonnes comme pour les médiocres. Il y en a enfin pour toutes les étendues, depuis vingt ares jusqu'à cinq cents hectares.

Quant au *métayage amélioré*, c'est bien différent.

MM. Damourette et Valette nous ont avertis que les grandes exploitations ne convenaient pas au métayage. M. Damourette (1) indique même l'étendue que les domaines doivent avoir : 25 hectares dans la Brenne et le Boischaut, et 50 hectares dans la Champagne. M. Valette conseille de diminuer les exploitations dépassant l'étendue que peut cultiver une famille.

J'engage donc M. Bignon à se mettre d'accord avec MM. Damourette et Valette, et alors nous saurons au moins à quoi nous en tenir. Ces dissentiments sont remarquables et prouvent combien les partisans du métayage sont divisés sur le principe même de ce système.

---

(1) Page 124.

En résumé, pouvons-nous avoir confiance dans les conseils de ceux qui engagent les propriétaires du Centre à renoncer au fermage et à s'en tenir exclusivement au métayage, même amélioré?

Ceux qui donnent ces conseils ont-ils une expérience suffisante des choses agricoles? Et parmi ces défenseurs convaincus d'antiques institutions, n'y en a-t-il pas aussi qui se laissent un peu trop influencer par des souvenirs respectables, sans doute, mais non pas jusqu'à en faire une règle de conduite?

M. L. de Lavergne lui-même ne résiste pas à cet entraînement. Il nous fait du Berry une description charmante, poétique, mais en même temps affligeante au point de vue agricole :

« Les campagnes, dit-il, ressemblent à l'immortel portrait que
» la Fontaine a tracé, dans ses Fables, des campagnes françaises de
» son temps : toujours le berger qui conduit son troupeau, la ména-
» gère qui file sa quenouille, le bûcheron couvert de ramée, le cheval
» et le bœuf au pâturage ; toujours aussi la nature sauvage à côté de
» la nature cultivée, le héron immobile au bord des eaux, le lièvre
» et les grenouilles, le lapin et la belette, le renard qui guette les
» poules et le loup qui emporte l'agneau. *Ce monde,* à demi désert,
» à demi champêtre, qui vit et qui parle dans l'imagination du fabu-
» liste, *n'a rien perdu de son expression d'autrefois ;* au coin d'un
» champ et d'une bruyère, on s'attend encore à surprendre l'entre-
» tien furtif du chien et du loup, et dans le vent qui souffle des bois
» aux étangs, on croit entendre le dialogue du Chêne et du Roseau. »

Hélas ! ce n'est point là de l'agriculture.

J'ai achevé mes dernières observations en réponse à M. Bignon. Je leur ai peut-être donné une trop grande extension, et j'aurais pu négliger certains détails dont mon honorable contradicteur s'était occupé. Le sujet est vaste cependant, et on n'est pas libre de s'arrê- ter quand on veut.

Je n'ai rien à changer à la conclusion qui termine mon *Étude comparative* sur le métayage et sur le fermage.

Je maintiens :

Que le faire-valoir direct joue un rôle immense dans l'amélioration agricole du Berry ;

Qu'en principe, le fermage est supérieur au métayage, même dans le Centre;

Que cette supériorité est acquise aujourd'hui et qu'elle s'accroîtra encore dans l'avenir;

Et que l'adoption exclusive du métayage, même amélioré, serait une faute grave, dont le Berry ne tarderait pas à se repentir.

Je concède, toutefois, que le bon métayage peut rendre au Centre d'utiles services, à titre transitoire.

Et, vu l'état arriéré de l'agriculture du Centre, je répète encore une fois : *Toutes les méthodes de culture, appliquées avec intelligence, ne seront pas de trop pour introduire dans le Centre une agriculture digne de notre civilisation moderne.*

Grâce à ces efforts réunis, dirai-je avec M. L. de Lavergne, *le Berry rivalisera certainement un jour avec nos meilleures provinces; il a doublé ses produits depuis vingt-cinq ans, il peut aisément les doubler encore.*

APPENDICE.

Dans mon Étude sur le métayage et sur le fermage, j'ai rappelé que, d'après M. de Lavergne, le métayage coïncidait, en France, avec une extrême pauvreté rurale, sauf dans l'Anjou et le Maine.

En parcourant le gros volume de l'*Enquête sur les engrais industriels,* j'ai lu l'interrogatoire de M. Moreul, ancien directeur de la ferme-école du Camp (Mayenne), et je commence à avoir des doutes très-sérieux sur la prospérité du métayage dans la Mayenne.

Voici un extrait de la déposition de M. Moreul :

M. Moreul. — Sans doute, il est très-remarquable que notre agriculture ait pu augmenter sa production de grains ; *mais nous demandons si elle ne va pas tarir la source même de la production.* Il n'est pas certain que notre chaulage ne soit pas efficace; mais, ce qui est certain, c'est qu'on *fait trop de blé avec lui.* Souvent les deux cinquièmes des terres sont en blés, et, de plus, l'orge et l'avoine se font en très-grande quantité.

M. Boussingault. — Où vont vos pailles?

M. Moreul. — Toutes nos pailles sont utilisées sur la ferme.

Grâce à l'emploi de la chaux, nous avons obtenu de beaux blés et

des trèfles superbes. *Mais, maintenant, les trèfles réussissent difficile-*
ment, et, dans la moitié du département, on ne peut plus en faire.

M. Hervé-Mangon. — Il faut bien reconnaître que 7,000 kilogrammes
de fumier par hectare, ce n'est pas beaucoup. Il n'est pas étonnant
que votre sol s'épuise.

M. Moreul. — Nous mettons autant de fumier que de chaux.

M. Hervé-Mangon. — Huit mètres cubes, à 800 kilogrammes le
mètre, cela ne fait même pas 7,000 kilogrammes.

M. Boussingault. — Quelle est la fertilité normale du sol, indépendamment de tout engrais et de toute culture?

M. Moreul. — Je l'ignore. Quand la chaux a été employée pour la
première fois, elle a fait des merveilles, et tout le monde croit aujour-
d'hui que c'est le meilleur des engrais. Nos terres étaient un peu
acides, et la chaux a détruit cette acidité.

. . . .

M. Moreul. — Nous nous demandons si on ne pourrait pas faire
analyser le fumier employé dans les tombes et le compost qui en
résulte à divers intervalles, afin de savoir quelle est l'action de la
chaux.

M. Boussingault. — Pourvu que vous réussissiez, c'est là le principal.

M. Moreul. — Et *si par hasard nous nous ruinons?*

M. Bella. — Vous voyez bien que vous ne vous ruinez pas.

M. Monny de Mornay. — Cependant, si le trèfle a déjà disparu?

M. Moreul. — Le trèfle, le premier fourrage qui vienne dans la
Mayenne avec l'herbe, le trèfle ne réussit plus guère.

M. Boussingault. — Qu'est-ce que vous exportez?

M. Moreul. — Nous exportons toute notre richesse; nous exportons du bétail maigre et des grains. — Nous ferions mieux d'en-
graisser des bestiaux.

M. Boussingault. — *Vous exportez énormément de potasse?*

M. Valette. — Vous n'essayez pas autre chose que le trèfle, en
fait de prairies artificielles?

Essayez-vous le ray-grass?

M. Moreul. — On le cultive, heureusement ou malheureusement,
à vous, Messieurs, de résoudre la question.

M. Monny de Mornay. — Le semez-vous exclusivement, isolément ?

M. Moreul. — Non, on le mélange avec du trèfle. Le trèfle et le ray-grass mélangés sont seuls possibles, dans 99 cas sur 100, parce que le trèfle pur ne veut plus venir.

M. Bella. — Pour se faire une idée exacte du fait que vous avez signalé tout à l'heure, de l'épuisement de vos terres par rapport à certains produits, notamment par rapport au trèfle, il serait bon de pouvoir apprécier la quantité totale de fumier que vous mettez par hectare.

M. Moreul. — Je crois devoir donner un renseignement utile à ce point de vue, et *un renseignement effrayant pour l'avenir*.

Je ne crains pas d'avancer que, dans telle ferme de 30 hectares, possédant 20 bêtes à cornes et des chevaux, il n'y a de bêtes bovines à consommer du foin que les jeunes veaux et quatre bœufs destinés à l'exportation.

M. Monny de Mornay. — Avec quoi nourrissez-vous vos autres bêtes à cornes ?

M. Moreul. — Avec de la paille. *Elles lèchent la terre et mangent de la paille, comme on dit dans notre pays.*

M. Monny de Mornay. — Est-ce qu'elles ne mangent pas votre trèfle et votre ray-grass ?

M. Moreul. — En vert. J'ai dit qu'elles ne mangeaient pas habituellement de foin, d'herbe séchée. Nos bêtes à cornes sont abondamment nourries pendant la belle saison ; *mais, l'hiver, elles ne mangent que de la paille et rien que de la paille ; il faut qu'elles passent tout l'hiver sans manger de foin. Elles sont soumises, comme vous le voyez, à des régimes très-variés.*

M. Boussingault. — *Dont le principal est la diète.*

. . . .

M. Bella. — *Votre culture est une culture pauvre.* Une plante qui revient souvent dans ces conditions-là ne peut pas revenir longtemps en donnant d'abondantes récoltes.

M. Dailly. — Dans les terres riches elles-mêmes, le retour des prairies artificielles devient de plus en plus difficile.

M. Bella. — Je l'admets.

M. Boussingault. — Cela s'explique par cette raison qu'une prairie artificielle n'est pas une prairie dans le sens que les agriculteurs attachent à ce mot.

M. Bella. — Et cela s'explique encore, parce que les prairies artificielles s'établissent surtout dans le sous-sol et que nous ne cultivons pas le sous-sol.

. . . .

M. Valette. — Le métayage existe-t-il dans la Mayenne?

M. Moreul. — Oui, dans *la moitié* du département.

M. Valette. — Le métayage direct ou le métayage indirect, au moyen d'un fermier général?

M. Moreul. — L'un et l'autre, mais ordinairement le métayage direct; et c'est heureux, car le fermier général pressure parfois les métayers.

M. de Raynal. — Y a-t-il des exemples de métayages améliorés, surveillés, dirigés par le propriétaire, de métayages où le propriétaire exerce sa part d'influence? Le métayage est-il en voie de se transformer, comme cela se produit dans certains pays, dans l'Allier, par exemple?

M. Moreul. — Le métayage a été le point de départ de toutes nos améliorations. Au début de notre développement agricole, et nous ne sommes nés qu'en 1832, il a été le plus puissant instrument du progrès; car le métayage, c'est l'alliance du capital et de la main-d'œuvre. *Il est maintenant presque inconnu dans l'arrondissement de Château-Gontier*; mais il est fort répandu dans l'arrondissement de Laval et plus encore dans l'arrondissement de Mayenne.

Si M. Moreul a fait une déposition exacte, il y aurait beaucoup à critiquer dans le métayage de la Mayenne.

Propriétaires et métayers auraient été d'accord pour épuiser la terre, en recherchant les cultures qui donnent des profits immédiats, sans rien réserver pour l'avenir.

Assurément ce n'est pas là un exemple à suivre.

D'un autre côté, M. Moreul constate que le métayage, après avoir été un puissant instrument de progrès, est déjà presque inconnu dans l'arrondissement de Château-Gontier, mais qu'il est fort répandu dans les arrondissements de Laval et de Mayenne.

Ainsi, même dans cette contrée-type, le métayage s'en va !

Ces faits, s'ils sont réels, confirmeraient ce que j'ai dit du métayage. J'appelle sur ce point l'attention des propriétaires du Berry.

FIN.

IMPRIMERIE CENTRALE DES CHEMINS DE FER. — A. CHAIX ET C°, RUE BERGÈRE, 20, A PARIS. — 811.

www.ingramcontent.com/pod-product-compliance
Lightning Source LLC
Chambersburg PA
CBHW071512200326
41519CB00019B/5911